2019年四川省哲学社会科学重点研究基地彝族文化研究中心课题“凉山州彝家新寨规划中的公众参与模式研究”阶段性研究成果　项目编号 YZWH1931

城市生态规划与构建研究

杨位飞　熊建林　著

東北林業大學出版社
Northeast Forestry University Press
·哈尔滨·

图书在版编目（CIP）数据

城市生态规划与构建研究 / 杨位飞，熊建林著. —哈尔滨：东北林业大学出版社，2023.6

ISBN 978-7-5674-3176-8

Ⅰ. ①城… Ⅱ. ①杨… ②熊… Ⅲ. ①城市环境－生态环境－环境规划－研究－中国 Ⅳ. ①X321.2

中国国家版本馆CIP数据核字(2023)第104044号

责任编辑：彭　宇
封面设计：优盛文化
出版发行：东北林业大学出版社
（哈尔滨市香坊区哈平六道街6号　邮编：150040）
印　　装：三河市华晨印务有限公司
开　　本：787 mm × 1092 mm　1/16
印　　张：17.25
字　　数：215千字
版　　次：2023年6月第1版
印　　次：2023年6月第1次印刷
书　　号：ISBN 978-7-5674-3176-8
定　　价：98.00元

如发现印装质量问题，请与出版社联系调换。（电话：0451-82113296　82191620）

前言

城市生态系统是一个复杂的系统，它是特定区域内人类、资源、环境（包括自然环境、社会环境和经济环境）通过各种生态网络和社会经济网络机制而建立起来的人类聚集地或社会、经济、自然的复合体。对城市生态系统做进一步分划分，可将其分成三个子系统：生物（人）—自然（环境）系统、工业—经济系统、文化—社会系统，三个子系统相互关联，共同作用于整个城市生态系统。因此，城市生态系统的规划与构建注定是一项非常复杂的工程，需要针对城市生态系统中的方方面面进行考虑，以确保城市生态系统规划的整体性以及构建的科学性。

当然，在进行整体性规划的基础上，还需要落到具体的专项上，做出更具有针对性的规划，同时采取更具有针对性的构建策略。本书立足于城市产业、城市生态环境、城市生态安全和健康三个专项，针对城市产业的生态规划与构建、城市生态环境的规划与构建、城市生态安全和健康的规划与构建，进行了系统的研究，形成了具有较强科学性和实践性的研究成果。需要注意的是，虽然各专项之间相互独立，但也相互关联，甚至存在交叉和重叠，所以在进行专项规划与构建的时候，不能只聚焦于该专项，还需要从城市生态系统的角度思考该专项与其他专项间的联系，使城市生态规划与构建兼具系统性和针对性。

本书由西昌学院城乡规划专业的杨位飞、熊建林编撰。其中，杨位飞撰写了第一、二、三章及第四章的第一节至第五节，共计11余万字；熊建林撰写了第四章的第六节，第五、六、七、八章及参考文献，共计10余万字。本书在撰写过程中，力求语言精练，融入了部分通俗易懂的图形或图示，旨在使读者更容易理解本书内容。

由于时间有限，书中难免存在不足之处，还望广大同行与读者批评指正。

作　者

2023年2月

目录

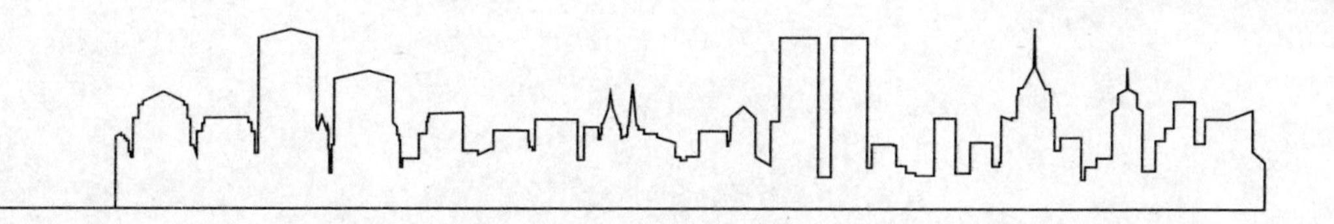

第一章　导　　论

第一节 城市及其生态系统概述

一、城市

（一）城市的概念

关于城市的概念，从不同的角度去看，其定义也存在一些差异。从人口学的角度看，城市是聚集于一定区域的人口群体，是国家总人口的组成部分，具有自身特色的经济文化条件；从经济性的角度看，城市是一定区域内经济要素构成的系统，是人们为了生存凭借劳动创造的物质环境，是比乡村社会更高级的文明载体，创造了更多生产力，有更高质量的生活方式，是区域经济增长中心；从生态学的角度看，城市是以人口聚集为载体，由区域空间和各种设施环境组成的生态系统；从地理学的角度看，城市是指具有一定人口规模并以非农业人口为主的居民集聚地，是相对于乡村而言的永久、稳定的大型聚落形态和体系。

综合上述从不同角度对城市的定义，作者认为在界定城市的概念时，可以从一个比较宽泛的角度着手，将城市的概念界定为：规模大于乡村的非农业活动和非农业人口为主的聚落，是一定地域内的政治、经济和文化的中心。

（二）城市的功能

城市的功能也被称为城市的职能，是指由城市的各种结构性因素规定的城市的机能或作用，是城市在一定空间范围内所起的生产、消费、社会交流、意识形态、生态交换等作用。具体而言，城市的功能可以从基本功能和主导功能两个方面进行论述。

1. 城市的基本功能

城市的基本功能主要包括居住功能、服务功能和交通功能。

（1）居住功能。居住是城市的一项基本功能，是一个城市形成和发展的重要基础，也是其他功能实现的一个重要前提。随着城市的发展，城市居住功能的定位也发生了一定的变化，“住”已经不再是城市居住功能的全部，“住得舒适”在城市居住功能中愈加地突显。

（2）服务功能。服务功能也是城市的一项基本功能，它是实现各类要素自由流动的基本保障。城市的服务功能分为对内服务功能和对外服务功能。对内服务功能是指为城市居民提供各种服务，以满足人们生活和发展的需要；对外服务功能是指为城市外的各种主客体提供服务。对外服务功能是城市发展的一种必然选择，因为如果城市不对外服务，必然会导致城市的孤立与萎缩，这不利于城市的发展，所以对外服务是不可或缺的。

（3）交通功能。城市的交通功能也分为对内交通功能和对外交通功能。对内交通功能主要指一个城市内的交通功能，它影响着城市内居民出行的便利与否；对外交通功能主要指一个城市在全国或全球交通网络中所发挥的作用，它在很大程度上影响着一个城市的发展。

2. 城市的主导功能

城市在政治、经济和文化上发挥着主导作用，所以城市的主导功能也主要体现在政治功能、经济功能和文化功能三个方面。

（1）政治功能。城市的政治功能指一个城市在一定地域范围内所承担的任务和所起到的政治中心作用，以及因这种作用的发挥而产生的效能。相较于农村而言，城市的政治功能更为显著。

（2）经济功能。城市的经济功能指一个城市在一定地域经济中所承担的任务和所起到的经济中心作用，以及由这种作用发挥而产生的效能。城市经济功能的发展取决于城市社会生产力的发展水平。随着城市社会生产力水平的不断提高，城市经济功能正在实现从单一向多元、从简单到复杂、从低层次到高层次的转变。

（3）文化功能。城市的文化功能是指一个城市在文化层面所承担的任务和所起到的文化中心作用，以及由这种作用发挥而产生的效能。一个城市的教育水平、文化氛围、科学发展、文化遗存等都会影响着城市文化功能的发挥。

上述所属的城市各项功能并不是相互割裂的，而是相互作用、相互影响的，刚性作用于城市发展的各个层面。

（三）城市形态分类

城市形态是由结构、形状和相互关系所构成的多元的空间系统[①]。从不同的角度着手，城市形态分类也会产生差异。一般情况下，城市的形态分类可以按照行政等级、人口规模、主要功能、空间结构布局进行分类，详细分类如图 1–1 所示。

在上述分类中，需要注意的是，按照主要功能进行分类时，并不是说将该城市分为某类城市后，该城市便只具有该项功能，而是该项功能较为突出。通过前面对城市功能的论述也可知，任何一个城市都具有多种功能，只是相对而言的，在这些功能中，有一些特殊的功能被突显出来，这些被突显出来的功能便成了城市形态分类的一个参考因素。

① 武进．中国城市形态：结构、特征及其演变[M]．南京：江苏科学技术出版社，1990：5.

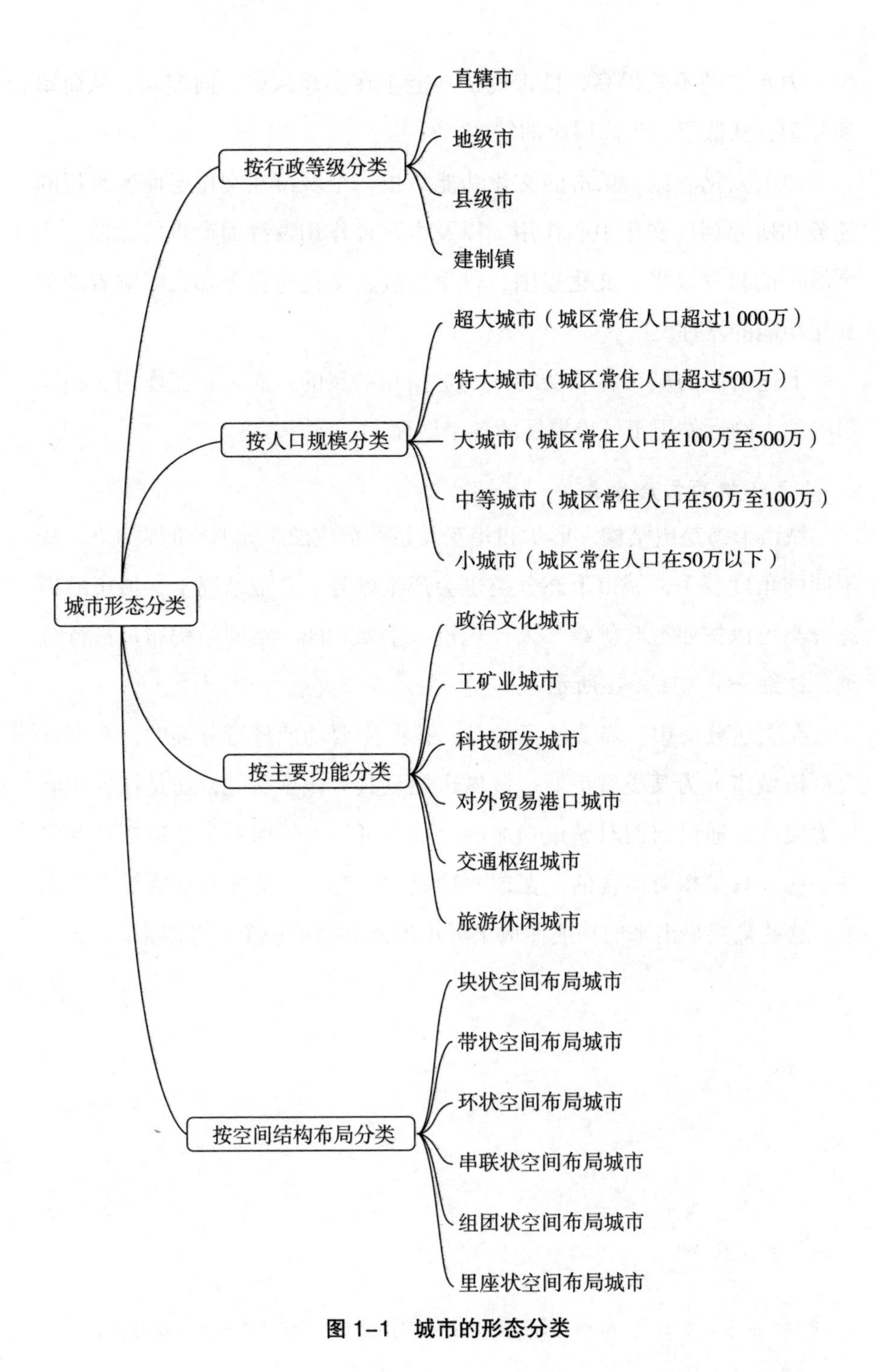
城市形态分类
按行政等级分类
直辖市
地级市
县级市
建制镇
按人口规模分类
超大城市（城区常住人口超过1 000万）
特大城市（城区常住人口超过500万）
大城市（城区常住人口在100万至500万）
中等城市（城区常住人口在50万至100万）
小城市（城区常住人口在50万以下）
按主要功能分类
政治文化城市
工矿业城市
科技研发城市
对外贸易港口城市
交通枢纽城市
旅游休闲城市
按空间结构布局分类
块状空间布局城市
带状空间布局城市
环状空间布局城市
串联状空间布局城市
组团状空间布局城市
里座状空间布局城市

图 1–1　城市的形态分类

二、城市生态系统

（一）城市生态系统的概念

要明晰城市生态系统的概念，首先需要了解生态系统的概念。生态系统的概念最早是由英国生态学家坦斯利（A.G.Tansley）提出来的，他基于前人与他本人对森林动态的研究，将物理学中的“系统”引入生态学，提出了生态系统的概念。后来，人们不断对生态系统的概念进行完善，虽然目前没有统一的概念界定，但普遍认为生态系统就是指在一定的时间和空间内，生物和非生物成分之间通过物质循环、能量流动和信息传递而相互作用、相互依存所构成的统一体。

基于对城市的认知以及对生态系统概念的普遍认识，作者对城市生态系统做如下界定：城市生态系统是特定区域内人类、资源、环境（包括自然环境、社会环境和经济环境）通过各种生态网络和社会经济网络机制而建立的人类聚集地或社会、经济、自然的复合体。

（二）城市生态系统的特征

城市生态系统既具有与自然生态系统相应的生态功能和生态过程，也具有自己独有的特征。概括来说，城市生态系统的特征主要表现在如下五个方面。

1. 城市生态系统是一个多层次的复杂系统

为了满足人们生活、生产的需要，人们在自然环境的基础上建造了大量的城市设施，如房屋、管道、道路等，这使得城市生态系统的生态环境中除了具有空气、阳光、土地、水等自然环境条件外，也具有很多人工环境的部分。与此同时，人工环境的部分与自然环境条件之间又相互影响，这些使得城市生态系统的环境变得非常复杂。这种复杂性通常表现为系统的多层次性，仅仅以人为中心，就可以将其分为三个层次的子系统。

（1）生物（人）—自然（环境）系统。这是人与其生存环境的地形、气候、水资源、食物等构成的一个子系统。该子系统只考虑了人的生物性活动。

（2）工业—经济系统。这是人与能源、原料、工业生产过程、商品贸易、交通运输等构成的子系统。该子系统只考虑了人的经济（生产、消费）活动。

（3）文化—社会系统。这是由人的政治活动、社会组织、文化、医疗、教育、卫生、服务等构成的一个子系统。该子系统代表了城市居民生活的另一层环境。

上述三个子系统的内部都有着自己的物质流、能量流和信息流，并且各个子系统之间相互联系、相互影响，共同构成了不可分割的整体。

2. 城市生态系统是以人为主体的系统

与自然生态系统中以各种动物、植物和微生物为主体不同，城市生态系统是以人为主体的生态系统。通常来说，一个生态系统内所能承载的生物主体是有限的，所以在城市生态系统中，人口的发展会代替或限制其他生物的发展。在自然生态系统中，能量在各营养级中的流动遵循“生态学金字塔”规律，而在城市生态系统中，由于存在频繁、大量的人类活动，能量在各营养级中的流动不再遵循“生态学金字塔”规律，而是呈现“倒生态学金字塔”的规律。

3. 城市生态系统是一个非独立的生态系统

自然生态系统是一个相对独立的系统，系统中的生物与生物、生物与环境之间处于相对的平衡。而城市生态系统中生物与生物、生物与环境虽然也处于一种相对平衡的状态，但这种平衡需要外部系统的维持。简单来说，要维持城市生态系统所需要的能量，便需要从系统外部输入能量，而城市生态系统中所产生的各种废物，也不能依靠城市系统中的分解者完全分解，还需要一些环境保护措施。由此可见，城市生态系统是一个非独立的生态系统。

4. 城市生态系统是人工化的生态系统

在前面作者已提到，为了满足人们生活、生产的需要，人们在自然环境的基础上建造了大量的城市设施，如房屋、管道、道路等，这使得城市生态系统的生态环境中除了具有空气、阳光、土地、水等自然环境条件外，也具有了很多人工环境的部分，并且随着城市的发展，人工环境的部分越来越多。就当前的城市现状而言，城市生态系统已然成了人工化的生态系统。物质流、能量流、信息流在“人类—经济社会活动—自然环境（包括生物）”复合系统中运动，物质、能量、信息的总量大大超过原自然生态系统，人类的经济社会活动起着决定性作用。城市生态系统的调节机能是否能保持生态系统的良性循环，主要取决于人类的经济社会活动与环境关系是否协调以及生态规律与经济规律是否统一。

5. 城市生态系统体现了一定的脆弱性

城市生态系统的脆弱性是基于城市生态系统的非独立性而言的。自然生态系统是一种相对独立的系统，该系统可以通过自动建造、自我修复和自我调节来维持其系统内部的平衡。而城市生态系统需要依靠外面的系统才能够实现系统的相对平衡，当外面的系统出现问题，或者城市生态系统与外面系统的连接出现问题，城市生态系统便会受到影响。由此可见，城市生态系统必须依赖其他系统才能存在和发展，从这个层面来看，城市生态系统体现了一定的脆弱性。

（三）城市生态系统的结构

城市生态系统由城市自然生态系统、城市社会生态系统和城市经济生态系统三部分组成。城市自然生态系统包括城市居民生存所必需的基本物质环境，如空气、阳光、土壤、气候、生物、水资源等；城市社会生态系统涉及城市居民社会、经济及文化活动的各个方面，主要表现为人与人之间、个人与集体之间以及集体与集体之间的各种关系；城市经济生态系统以资源流动为核心，涉及生产、分配、流通和消费的各个环节。

城市生态系统中的自然、社会、经济三个子系统相互渗透、相互制约，共同构成了一个有机的整体，并通过内外部之间物质流、能量流、信息流的交换，维持系统的稳定和有序，其结构如图 1–2 所示。

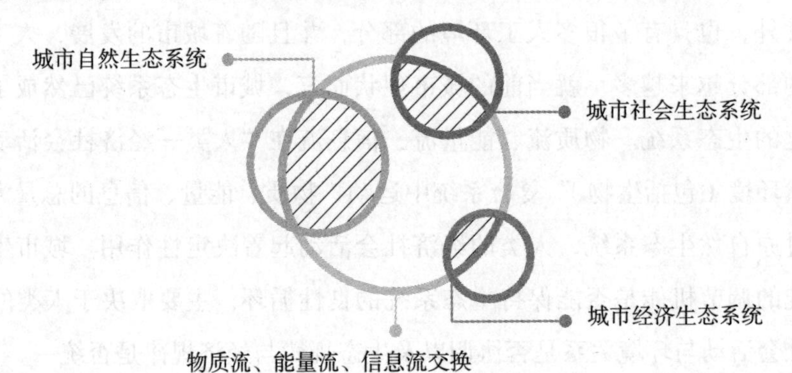

图 1–2　城市生态系统的结构

（四）城市生态系统的功能

城市生态系统的功能和城市的功能不同，它主要包括生产功能、能量流动功能和信息传递功能。

1. 生产功能

城市生态系统的生产功能是指城市生态系统所具有的，利用域内外环境所提供的自然资源及其他资源，生产出各类“产品”（包括物质产品和精神产品）的能力，主要包括生物初级生产、生物次级生产和非生物生产。

生物初级生产指城市生态系统中的绿色植被，如草地、森林、农田、苗圃等自然或人工植被在人工的调控下，生产粮食、蔬菜、水果以及其他绿色植物食品的过程。由于城市生态系统中第一产业的占比较少，所以生物的初级生产功能并不突出，甚至很多绿色植被的功能已转变为环境保护功能和景观功能。

生物次级生产功能主要指城市中的人对初级生产者利用和再生产的过程，即城市居民维持生命、繁衍后代的过程。由于城市生态系统中生物的初级生产无法满足生物次级生产的需要，所以生产生态系统所需要的生物次级生产物质，有相当一部分需要从外部输入。

非生物生产通常指人类系统特有的生产功能，主要包括物质生产和非物质生产两大类。物质生产的作用是满足人类生活所需的各类有形产品与服务，非物质生产的作用是满足人类精神生活所需要的各类文化艺术产品以及相关方面的服务。

2. 能量流动功能

在城市生态系统中，存在着能量流动，包括城市生态系统内部之间和内外部之间的流动，这是城市生态系统功能在能量方面的一个重要体现。和自然生态系统相比，城市生态系统的能量流动具有以下特点：

（1）在自然生态系统中，能量的流动是天然的、自发的；而在城市生态系统中，城市能量流动以人工为主。

（2）在自然生态系统中，能量流动主要依靠食物链、食物网；而在城市生态系统中，能量流动则以人的调节为主。

（3）在自然生态系统中，能量流动以内部流动为主；而在城市生态系统中，能量流动包括内部流动和内外部之间的流动，并且外部能量的输入占很大比例。

3. 信息传递功能

城市生态系统中也存在着信息的传递，包括物理信息的传递、化学信息的传递、行为信息的传递等，这是城市生态系统功能在信息方面的一个重要体现。在生物的生存、繁衍和发展中，信息传递发挥着重要的作用。在城市生态系统中，信息传递所发挥的作用还体现在经济、政治、文化等方面。

第二节 城市生态规划概述

一、城市生态规划的概念

在不同时期，由于人类的认知不同，生态规划的概念也存在一些差异。在20世纪60年代，生态规划的重心在土地规划上，所以对生态规划概念的界定也主要体现在土地规划上。随着生态学的发展，人类的认识也在不断发生变化，生态规划不再局限于土地方面，而是逐渐渗透到人口、资源、环境、经济等诸多方面，生态规划也有了新的解释，即应用生态学的基本原理，根据经济、社会、自然等方面的信息，从宏观、综合的角度，参与国家和区域发展战略中长期发展规划的研究和决策，并提出合理开发战略和开发层次，以及相应的土地及资源利用、生态建设和环境保护措施。基于对生态规划概念的理解，同时结合城市生态的特点，作者将城市生态系统规划的概念界定为：城市生态规划是遵循生态学与城市规划学有关理论和方法，以城市生态关系为研究核心，通过对城市生态系统中各子系统的综合布局与安排，调整城市人类与城市环境的关系，以维护城市生态系统的平衡，实现城市的和谐、高效、可持续发展。

城市生态规划不同于传统的城市环境规划只考虑城市环境各组成要素及其关系，也不仅仅局限于将生态学原理应用于城市环境规划中，而是涉及城市规划的方方面面，即将生态学原理和城市总体规划、环境规划有机结合起来，对城市生态系统的生态开发和生态建设提出科学、合理的对策，从而实现城市和谐、高效、可持续的发展。城市生态规划不仅重视城市当前的生态关系和生态质量，还关注城市未来的生态关系和生态质量，追求的是城市的生态系统的可持续发展。

二、城市生态规划的目标

城市生态规划的目标主要包括三个方面的目标：人类与环境协调发展目标，城市与区域生态系统协调发展，城市经济、社会、生态可持续发展。

（一）人类与环境协调目标

就城市而言，人类与环境的协调目标包括：

（1）城市人口数量与结构要和城市环境（主要指自然环境）相适应，当一个城市的人口数量和结果出现不合理的倾向时，应采取一系列措施，避免超过城市环境的负荷；

（2）人类土地利用强度与类型应和区域环境相适应；

（3）城市人工化环境结构比例要协调。

（二）城市与区域生态系统协调发展

从生态角度看，城市生态系统与区域生态系统之间存在密切的关系，城市生态系统活动的调节、城市生态系统稳定性的增强都离不开一定的区域，而且城市人工化环境结构比例的协调也离不开一定的区域回旋空间，所以追求城市与区域生态系统的协调发展也是城市生态规划的一个重要目标。

（三）城市经济、社会、生态可持续发展

城市生态规划的一个重要目的是使城市的经济、社会系统在环境承载力允许的范围内，在一定的可接受的人类生存质量的前提下得到不断的发展，并通过城市经济、社会系统的发展为城市的生态系统质量的提高和进步提供经济、社会推力，最终促进城市整体意义上的可持续发展。

三、城市生态规划的原则

根据生态学理论和可持续发展理论，城市生态规划应遵循以下五项基本原则。

（一）协调共生原则

协调共生原则中的“协调”是指各子系统之间要有机协调，“共生”则指各子系统在相互协调的过程中实现互惠互利。在城市生态系统中，虽然各子系统之间是相互独立的，并在不同的领域发挥着不同的作用，但这种独立并不代表着各子系统之间是相互割裂的，相反，各子系统之间存在着非常紧密的联系。因此，在对城市生态系统进行规划时，应协调好各子系统间的关系，使其共同作用于城市生态系统，并实现互惠互利。

（二）整体与局部相协调原则

城市生态系统是一个完整的系统，在对城市生态系统进行规划时，不能只局限于城市结构的局部最优，而是要从整体出发，追求城市生态环境、社会经济的整体最佳效益。当然，在具体的落实中，并不是整体一起落实的，往往是从局部开始，所以在进行整体规划的时候，也需要考虑局部，做到整体与局部相协调。

（三）多样性原则

城市生态规划多样性原则中的多样性包括城市景观的多样性和生物的多样性。城市景观多样性和生物的多样性影响着城市的结构、概念与可持续发展，所以在对城市生态进行规划时，应尽可能降低对城市景观多样性和生物多样性造成的影响。比如，保护城市及其周围的动植物生境斑块，如城市中的河流、湿地、灌丛等，从而为城市景观多样性和生物的多样性提供自然环境支撑。

（四）区域分异原则

城市生态规划应该坚持区域分异原则，就是在充分研究区域和城市生态要素的功能现状、问题及发展趋势的基础上，综合考虑区域规划、城市总体规划的要求以及城市的现状，充分利用环境的容量，治理好生态功能分区，以便有利于居民生活和社会经济发展，实现社会、经济和生态环境效益的统一。

（五）经济性原则

城市各部门的经济活动是城市发展的动力泵，也是促进人们物质生活水平提高的重要基础。因此，在对城市生态进行规划时，应遵循经济性的原则，不能抑制城市的经济活动。从这一原则出发进行生态规划，可从城市高强度能流研究入手，分析各部门间能量流动规律、对外界依赖性、时空变化趋势等，并由此提出提高各生态区内能量利用效率的途径，进而保障城市经济的快速发展。

四、城市生态规划的工作程序

城市生态规划的目的是在生态学原理的指导下，将自然与人工生态要素按照人的意志进行有序的组合，保证各项建设的合理布局，能动地调控人与自然、人与环境的关系。为了达到上述目的，在进行城市生态规划时，应采取特定的工作程序，如图 1–3 所示。

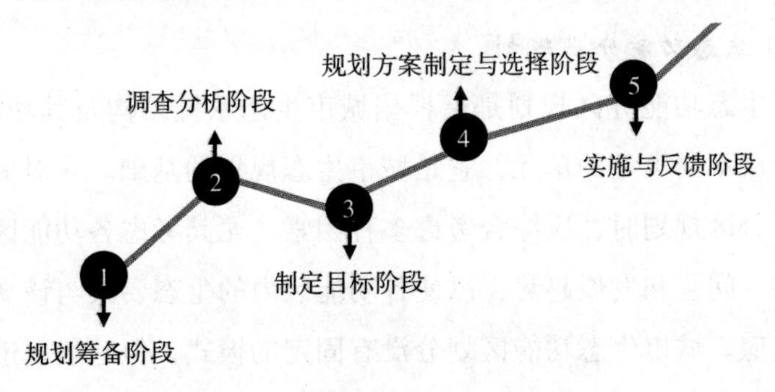

图 1–3　城市生态规划的工作程序

（1）规划筹备阶段。该阶段主要是进行一些筹备工作，包括人员筹备、工具筹备。

（2）调查分析阶段。针对当前城市生态情况进行调查，包括人口数量与分布、土地利用、地理环境、气象水文、资源利用、环境污染、园林绿化等，然后对调查到的资料进行系统的分析。

（3）制定目标阶段。结合城市生态实际，制定城市生态规划目标，包括社会目标、生态目标和经济目标。

（4）规划方案制定与选择阶段。制定多套具有可行性的规划方案，从中选择出最佳的规划方案，其他方案作为备用方案。

（5）实施与反馈阶段。按照最佳规划方案开展工作，每到一个阶段，都进行必要的评价，并依据评价结果对规划方案做出必要的调整。如果方案失败，则启动备用方案。

五、城市生态规划的重点领域

城市生态是一个复杂的系统，影响因子众多，而且不同的城市有不同的特点，所以城市生态规划的重点领域也存在一定的差异，这就要求在具体的规划工作中要做到因地制宜。一般来说，城市生态规划的重点领域应包括生态功能分区规划、人口容量规划、土地利用规划、环境污染综合防治规划、资源利用与保护规划、园林绿地系统规划。

（一）生态功能分区规划

城市生态功能分区规划是指根据城市生态系统结构及其功能特点，将城市分成不同类型的单元，它是城市生态规划的基础。在对城市进行生态功能分区规划时，应综合考虑多种因素，尤其考虑各功能区生态要素的现状、问题和发展趋势，以使各功能区内的生态要素与该功能区的功能相适应。城市生态功能区划分没有固定的模式，但一般要遵守三个基本原则：①必须有利于城市的生态环境建设；②必须有利于城市的经济发展；③必须有利于当地居民的生活。此外，城市生态功能区的划分还需要与城市总体规划相一致。

（二）人口容量规划

人口指居住在一定地区的人的总和，人口容量指一个地区的人口承载量。对于城市而言，人是最核心的要素，但一个城市的人口容量是有限度的，如果超出了这个限度，反而会对城市生态造成负面的影响。因此，对城市人口容量进行规划也是城市生态规划的一个重点领域。在对城市人口容量进行规划时，一项关键性的工作就是确定合理的人口密度，即单位面积土地上居住的人口数。随着城市的不断发展，城市人口在不断增加，为了缓解人口压力，城市也在不断向外环拓展，但拓展的速度低于人口增长的速度，而且城市也不能无限制地向外环拓展，这导致我国大多数城市的人口密度在不断增加。在这一背景下，对城市人口容量进行规划就显得更为重要和紧迫。

（三）土地利用规划

如何利用土地也是城市生态规划的一个重点领域。在进行城市土地利用规划时，除了要考虑用地面积大小外，还需要考虑地形、气候、水文、山脉等自然因素，同时还应与城市的产业结构相适配。城市土地一般分为生活居住用地、工业用地、农业用地、道路交通用地、市政设施用地、绿化用地等，不同类型的用地对环境有着不同的要求，而且不同类型的用地也会给环境带去不同的影响。因此，在城市土地利用规划中，规划者不仅要综合考虑各方面因素，还需要具体到某一种类型用地上的需求，提出土地利用规划的合理建议和科学依据。

（四）环境污染综合防治规划

城市环境污染综合防治规划是指从城市的总体情况出发，对城市的环境污染问题进行综合性的分析，然后以技术、经济等手段，实施环境污染防治工作，以改善和控制环境质量。城市污染综合防治规划在城市环境质量改善和控制上发挥着非常重要的作用，这也是城市生态规划的一项重点领域。城市环境污染综合防治规划主要包括水体污染防治规划、大气污染防治规划、固体废弃物防治规划和噪声污染防治规划四项内容。在进行规划时，主要从两个方面进行思考：一方面，对城市当前的环境污染情况进行调查，针对城市当前存在的环境问题确定环境污染治理目标，并制定环境污染防治方案；另一方面，结合城市污染相关的信息，预测城市污染的发展趋势或者在城市未来发展中可能出现的环境污染问题，制定相应的策略。

（五）资源利用与保护规划

自然资源是人类生存和发展的重要物质基础，只有合理地开发和利用资源，才有助于城市的可持续发展。因此，在对城市生态进行规划时，也需要针对资源的利用与保护进行规划。城市自然资源利用与保护规划的目标主要有三个：①资源利用更加高效；②资源保护支撑更加有效；③资源开发与保护更加协调。在上述目标的引导下，资源利用和保护规划也需要做出更加具体的规划。以资源利用为例，其规划可从三个方面着手：①提高建设用地集约利用水平；②提高矿产开发利用水平；③提高水资源、林草开发利用水平。

（六）园林绿地系统规划

园林绿地是一个城市的“肺”，它在美化城市景观、改善城市生态环境方面发挥着非常重要的作用，所以在对城市生态进行规划时，城市园林绿地规划也是一项必不可少的内容。在进行城市园林绿地规划时，应对城市功能区划分有详细的认知，了解各类园林绿地的用地指标，合理规划整个城市园林绿地的布局，确定维持城市生态平衡的绿地覆盖率以及人均应达到的最低公共绿地面积；与此同时，还需要合理设计群落结构，栽种适宜的植物，确保园林绿地景观的异质性。

城市园林绿地系统规划可按照以下步骤实施：

（1）明确园林绿地规划的基本原则。

（2）合理布局各项园林绿地，确定其位置、面积、性质。

（3）依据城市发展现状，拟定城市园林绿地建设水平，并拟定园林绿地各项定量指标。

（4）对城市已有园林绿地情况进行系统分析，对不满足要求的园林绿地提出改造计划。

（5）制定园林绿地系统规划的图纸与文件。

（6）制定园林绿地规划方案，针对重点绿地，制定设计任务书，内容应包括园林绿地的位置、性质、风格、布局形式、主要设施的项目与规模、建设的年限、周围环境、服务对象等，作为园林绿地建设工作实施的依据。

第三节 城市生态规划与人居环境的关系

一、人居环境

作者在前面针对城市生态规划做了概述，要进一步分析城市生态规划与人居环境的关系，首先需要了解什么是人居环境。

（一）人居环境的概念

关于人居环境的概念，作者查阅文献资料发现，不同学者有不同的解释。

吴良镛认为，人居环境是人类居住生活的、自然的、经济的、社会和文化环境的总称，其中涵盖了居住条件、与居住环境相关的自然地理状况生态环境、生活便利程度、教育和文化基础、生活品质和社会风尚等方面[①]。

宁越敏、查志强将人居环境分成了“人居硬环境”和“人居软环境”。人居硬环境是指一切服务于居民并为居民所利用，以居民行为活动为载体的各种物质设施的总和，是自然要素、人文要素和空间要素的统一体，具体包括三个部分：①居住条件；②基础设施和公共服务设施水平；③生态环境质量。人居软环境即人居社会环境，指的是居民在利用和发挥硬环境系统功能中形成的一切非物质形态事物的总和。人居硬环境是人居软环境的载体，人居软环境的可居性是人居硬环境的价值取向[②]。

综合不同学者的解释，作者认为人居环境的概念可界定为：以人为中心形成的、由各类物质实体和非物质实体组成的生存环境，是人们在居住地生活的自然的、经济的、社会的和文化的环境的总称。

（二）人居环境的构成

人居环境主要由四大系统构成：自然系统、社会系统、人类系统和支撑系统，这四个系统间相互影响、相互协调，共同构成了一个整体，如图 1-4 所示。

1. 自然系统

人居环境中的自然系统是指以天然物为要素，由自然力而非人力所形成的系统。在开发人居环境的过程中，人类对自然系统造成了一定程度的影响，这种影响有些是不可弥补的，并反过来作用于人类。城市生态规划强调人与自然的和谐发展，所以如何最大限度地保护人居环境中的自然系统是城市生态规划中需要思考的一个问题。

---

① 吴良镛 . 人居环境科学导论 [M]. 北京：中国建筑工业出版社 ,2001：38.

② 宁越敏 , 查志强 . 大都市人居环境评价和优化研究——以上海市为例 [J]. 城市规划 ,1999(6):14-19，63.

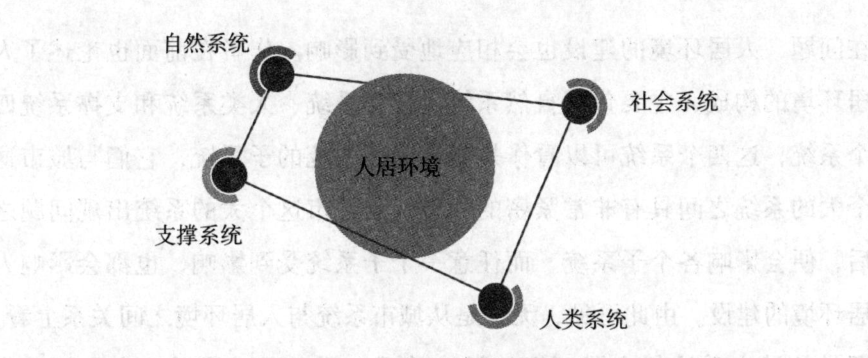

图 1-4 人居环境的构成

2. 社会系统

人居环境中的社会系统是指由人类以及人类之间的经济关系、政治关系和文化关系构成的系统，如一个家庭、一个城市、一个国家都是一个社会系统。人居环境中社会系统的构建应强调人的价值和社会公平。

3. 人类系统

人居环境中的人类系统是指由人类构成的系统，包括人类生理、心理、行为等一切与人自身相关的内容。

4. 支撑系统

支撑系统是指为人类活动提供支持的服务于聚落，并将聚落联为整体的所有人工和自然的联系系统、技术支持保障系统，以及经济、法律、教育和行政体系等。支撑系统不仅支撑着整个系统，也支撑着其他三个子系统。

二、城市生态规划与人居环境的关系分析

在对人居环境有了一定的了解之后，我们继续探究城市生态规划与人居环境的关系。

（一）科学的城市生态规划是良好人居环境建设的基础

人居环境是建设在城市这个生态系统之中的，如果城市生态规划存

在问题，人居环境的建设也会相应地受到影响。作者在前面也论述了人居环境的构成，主要包括自然系统、社会系统、人类系统和支撑系统四个系统，这四个系统可以看作是城市生态系统的子系统，它们与城市这个大的系统之间具有非常紧密的联系，当城市这个大的系统出现问题之后，便会影响各个子系统，而任意一个子系统受到影响，也都会影响人居环境的建设。由此可见，无论是从城市系统与人居环境之间关系上看，还是从城市系统与人居环境的间接关系上看（通过子系统产生间接联系），科学的城市生态规划都是良好人居环境建设的基础，所以要建设良好的人居环境，不能只着眼于人居环境建设本身，还需要从城市生态规划的角度做出整体性的思考，从而在宏观规划与微观策略的共同作用下实现良好人居环境建设的目标。

（二）人居环境建设对城市生态规划起着指导作用

作者在前面论述了城市生态规划的目标，只是没有细化到人居环境建设这一层面上，但如果我们对城市生态规划的目标进行细化，人居环境建设是不可缺少的一个。人居环境作为目标，便具有了指导作用，即指导着城市生态规划的方向，如果城市生态规划偏离了这个方向，规划的科学性便会受到质疑，甚至可能是错误的。当然，人居环境建设仅仅是城市生态规划细化目标中的一个，并不是唯一目标，所以不能只用是否建设了良好人居环境来指导城市生态规划，这无疑是片面的。

总之，城市生态规划和人居环境建设之间是相互作用的关系，通过协调两者之间的关系，可以有效推动城市建设，促进城市居民幸福感的提高。

第四节 生态城市的概念、特性及衡量标准

作者在前面针对城市生态规划做了初步的论述，从某种意义上来说，城市生态规划的最终目标就是建设生态城市，所以对生态城市形成一定认识，也有助于以此为方向引导城市生态规划。因此，在本节中，作者将针对生态城市做简要的论述。

一、生态城市的概念

关于生态城市的概念，作者通过查阅资料发现，不同学者对生态城市的解读存在一定的差异。比如，张红樱等在《国外城市治理变革与经验》一书中指出，生态城市是指社会、经济与自然协调发展，物质、能量与信息高效利用，技术、文化与景观充分融合，人与自然的潜力得到充分发挥，居民身心健康，生态持续和谐的集约型人类聚集地[①]。王涛在其硕士论文《体育与环境的和谐回归——关于体育行为与城市环境关系的研究》中指出，生态城市是以生态环境为基础，遵循自然运行与城市发展的基本规律，将人类与自然的可持续发展作为终极蓝图，以生态学为基础，构建人与自然和谐回归为核心的城市[②]。

此外，从不同的角度出发，对生态城市的解释也存在一些差异。比如，从生态哲学的角度看，生态城市实质是实现人与自然的和谐共生，这是生态城市价值取向所在，只有人的社会关系和文化意识达到一定水平才能实现。再如，从系统学的角度看，生态城市是一个与周围市郊及有关区域紧密联系的开放系统，不仅涉及城市的自然生态系统，如土地、

---

① 张红樱，张诗雨．国外城市治理变革与经验[M]．北京：中国言实出版社，2012：231．

② 王涛．体育与环境的和谐回归[D]．长沙：湖南师范大学，2012．

水、空气、动植物、森林、能源和其他矿产资源等，也涉及城市的人工环境系统、经济系统、社会系统，是一个以人的行为为主导、自然环境为依托、资源流动为命脉、社会体制为经络的社会、经济与自然的复合系统。

综合不同学者以及不同角度下对生态城市的描述，结合作者自身的认识，作者认为可对生态城市的概念界定为：以现代生态学的科学理论为指导，以生态工程、社会工程、系统工程等科学调控为手段，建立起来的一种能够促进城市人口、资源、环境和谐共处，社会、自然、经济协调且可持续发展，能量、物质、信息高效利用的人类居住区。

要深入理解生态城市的概念，作者认为可从如下五方面进行剖析：

第一，从城市生态环境看，生态城市的自然环境得到了最大限度的保护，自然资源的利用非常合理，同时具有良好的环境质量和充足的环境容量，能够消纳人类活动所产生的各类废弃物、污染物；

第二，从地域范围看，生态城市不是一个封闭的系统，而是一个与周围区域连接起来的相对开放的系统，所以生态城市不仅包括城市地区，还包括其周围的乡村地区；

第三，从涉及的领域看，生态城市同时涉及了城市的经济系统、社会系统和环境系统；

第四，从社会方面看，生态城市要求人们有较高的生态意识，与此同时，生活环境舒适、社会秩序安定、社会政治开放民主、社会保障体系健全；

第五，从城市经济看，生态城市的产业结构合理，生产力布局和能源结构合理，城市的经济系统高效运行，且能够与生态系统协调发展。

总之，生态城市作为对以工业文明为核心的传统城市发展模式的反思，体现了工业化、城市发展与现代文明的共鸣、交融与协调，是人类治理城市生态代谢的失衡、生态系统的无序和生态管理的失调等一系列问题，以及追求人与自然和谐发展的伟大创举。

二、生态城市的特性

与传统城市相比，生态城市具有本质上的不同。基于对生态城市的认识，作者认为其特性突出体现在五个方面：和谐性、高效性、系统性、持续性和协作性。

（一）和谐性

生态城市的和谐性不仅体现在人与自然关系的和谐上，还体现在人与人关系的和谐上。通过前面对生态城市概念的界定与剖析可知，在生态城市中，人与自然之间可以实现和谐相处，人类活动对生态城市中的自然环境，甚至对生态城市外自然环境的影响降到了最低，自然环境能够得到最大限度的保护。此外，生态城市中的社会大环境安定和谐，人与人之间的相处变得更有人情味，人与人之间也能够做到互帮互助，整个城市充满了生机与活力。

（二）高效性

与传统城市“高能耗”“非循环”的运行机制相比，生态城市的运行机制发生了很大的改变，各种资源的利用率极大地提高，物质、能量可以得到多层次的分级利用，废弃物最大限度地实现了循环再生，各行业、各部门之间协调发展，真正实现了人尽其才、地尽其利、物尽其用。

（三）系统性

生态城市本身是一个复合性的生态系统，它包括经济、社会、自然生态等子系统，各子系统在生态城市这个大系统整体协调的秩序下实现均衡发展，同时又作用于城市生态这个大系统的发展。因此，生态城市所追求的不仅仅是环境的优美，而是兼顾社会、经济、环境三者的整体利益。

（四）持续性

持续性是指生态城市追求的是可持续发展，它是以可持续发展理念为宏观指导的，所以在发展生态城市的过程中，不能只局限于眼前的发展，为了短暂的“繁荣”而采取过度开发或掠夺的方式。与此同时，还要兼顾不同空间、时间，合理配置资源，以公平地满足当下与未来在发展方面的需求，从而确保城市的持续、健康、协调发展。

（五）协作性

生态城市是建立在区域发展基础之上的，只有协调发展的区域才有协调发展的生态城市。因此，需要加强区域协作，共享技术与资源，形成互惠共生的网络系统。此处所强调的协作的区域，从广义的区域观念来看，就是全球区域，在全球一体化的背景下，这一观念被越来越多的人接受，而加强全球区域间的协作是全球一体化背景下的必然趋势。

三、生态城市的衡量标准

自生态城市的概念被提出以来，一些问题逐渐被人们提出，如什么样的城市属于生态城市？生态城市有衡量标准吗？如果可以回答上述问题，那么对于什么是生态城市，人们便会有一个更加清晰的认识，而且在生态城市的建设中，人们也会有更加明确的标准。虽然生态城市的概念已经提出了几十年，但到目前为止，真正意义上的生态城市并没有实现，因此对于生态城市的衡量标准目前也没有定论，但在一些原则性的问题上，人们已经达成一些基本的共识。至于对生态城市的认识，并以人们达成的基本共识为基础，作者认为生态城市的衡量标准可从自然环境、社会和经济三个维度着手，分为十项标准。

（一）自然环境维度的衡量标准

从自然环境维度着手，衡量生态城市的标准主要有如下三项：

（1）城市的整体规划符合生态学原理，空间设计与地质、水文、气候等自然条件相适应。

（2）具有完善的城市绿化系统，形成点、线、面结合的城市绿网。如果进行量化，生态城市的绿地覆盖率应在50%以上，居民人均在90 m^2 以上。

（3）人类活动所产生的各类废弃物可以通过有效的措施减少到城市环境容量以内，不对城市环境以及居民健康造成不良影响。

（二）社会维度的衡量标准

从社会维度着手，衡量生态城市的标准主要有如下五项：

（1）基础设施建设完善，城市中的能量、物质、信息等在完善基础设施的支撑下，可以有效地流动。

（2）可以为居民提供高质量的生活环境，居民生活满意度高。

（3）人与人之间可以和谐相处。

（4）具有一套完善的管理系统，能有效管理人口与资源，确保城市的有效运行。

（5）具有较高水平的软件保障，包括发达的教育体系、较高的居民素质。此外，具有稳定的社会秩序、良好的社会风气、丰富多彩的文化生活、良好的医疗保障，人们在道德标准和环境意识的规范下，自觉控制自己的行为。

（三）经济维度的衡量标准

从经济维度着手，衡量生态城市的标准主要有如下两项：

（1）产业结构合理，其占比大小应为第三产业 > 第二产业 > 第一产业。其中，第二产业应向着产业生态化的方向发展，通过高新技术的应用，提高生产效率，最大限度地减小对环境的污染；第一产业则应向着高效生态农业发展，生产绿色、有机产品。

（2）生产力布局和能源结构合理，城市的经济系统高效运行，且能够与生态系统协调发展。

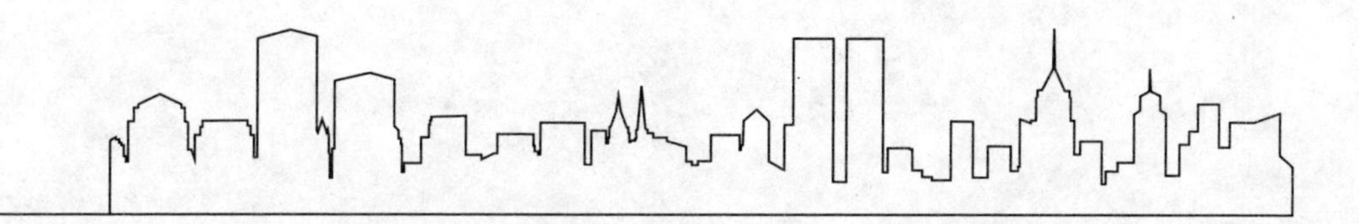

第二章　城市生态规划的基本理论

第一节　城市生态学理论

城市生态学是研究城市生态系统的结构、功能及其运动规律的一门科学，它强调生态规律对人类活动的指导作用，重视城市生态系统的整体性、动态代谢功能和物质能量循环规律等，并在这些基本规律指导下，探讨城市发展中的生态问题，同时依此规定城市人类活动的内容和范围，加强城市生态系统的自律、自稳定和自循环能力，甚至在某些方面更类似自然生态系统。城市生态学理论可分为古典城市生态学理论、现代城市生态学理论和后现代城市生态学理论，虽然古典城市生态学理论存在较大的局限性，不属于科学意义上的生态学理论，但了解古典城市生态学理论有助于我们加深对城市生态学的认识，同时也能够给我们带来一些反思。因此，在本节的论述中，作者也将针对古典城市学生态理论做一定的阐述。

一、古典城市生态学理论

古典城市生态学理论认为，城市是由多个社区单元组成的，并且每个社区的发展都包含社会人的共生和竞争这两个因素，且社区的发展推动着城市的发展。其中，共生关系是指社区内不同社会人之间存在的相互依存的关系，竞争关系则是指社区内社会人之间存在着对有限生存空间和有限资源的争夺关系。当然，上述共生关系和竞争关系也可以扩大到社区与社区之间、城市与城市之间、国家与国家之间。因为本书论述的是城市生态规划，所以共生和竞争关系的论述仅局限于人与人以及社区与社区之间。在古典城市生态学理论的指导下，一些城市生态学家建立了有关城市的生态模型，其中比较具有代表性是伯吉斯

（E.W.Burgess）、霍伊特（Homer.Hoyt）、哈里斯（C.D. Harris）和乌尔曼（E.L. Ullman）建立的城市生态模型。下面，作者便针对这些生态学家建立的城市生态模型做简要的介绍。

（一）伯吉斯建立的城市生态模型

伯吉斯在1925年提出了同心圆地域假说，这是他建立的一个理想的城市发展和空间组织方式的模型，该模型通过社区居民移动的四个阶段形成。

1. 流动初始阶段

在该阶段，来自其他社区的少量移民因种种利益的驱动会突破邻里关系进入相邻社区。进入相邻社区后，可能会长期停留，也可能会继续向其他社区迁移。

2. 大规模入侵阶段

在该阶段，社区的种种诱导因素促使大量的新群体补充进入最初的少数移民群体中；进入之后，他们与本土的群体形成了竞争关系。

3. 延续或稳固阶段

由于新移民的规模较大，他们在竞争中占有一定优势，从而在竞争中逐渐胜出，城市生态秩序也因此进入延续或稳固阶段。如果双方在优势上对等，竞争局面可能长时间延续，直到一方胜出。

4. 堆积阶段

新移民群体在竞争中胜出后，社区发展进入堆积解阶段，新群体成为社区一定地域范围内的主导人群，并体现出一定的排异特征。

基于对上述四个阶段的划分，伯吉斯在其建立的城市生态模型上画出了五个同心圆区域（图2–1），从内到外分别为中心商业区、过渡区、工人居住区、高级住宅区和往返区。在伯吉斯看来，城市发展有两个趋势：一是城市不断向外扩张，在扩张的过程中，某一环会吞噬其相邻的外环；二是距离城市中心的距离越远，人口的居住密度越低。

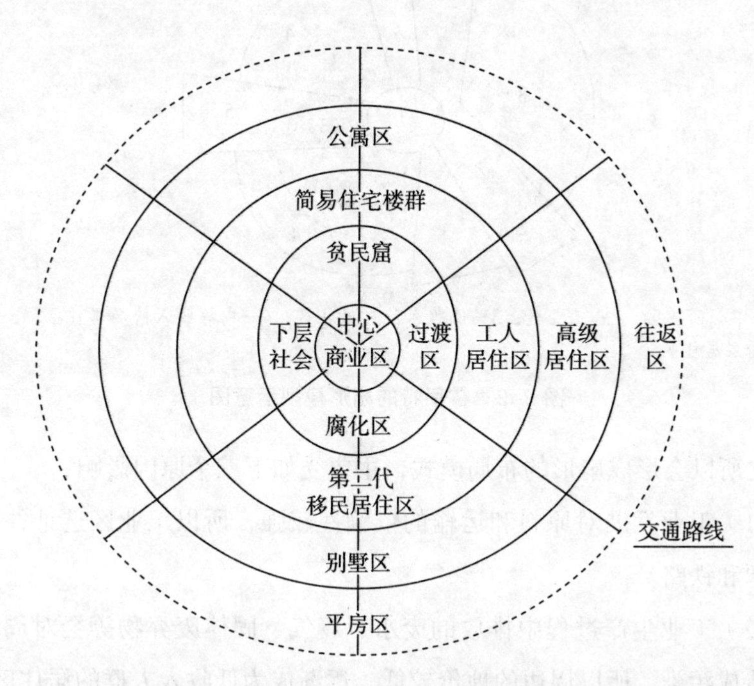

图 2–1　伯吉斯建立的城市生态模型示意图

对于伯吉斯提出的同心圆地域假说城市生态模型，一些学者认为伯吉斯忽视了人的社会属性，即人类社会具有制度、法律、习俗的约束，而且人与人之间虽然存在竞争，但竞争并不是唯一态，所以该模型过于模式化，也过于简单化。

（二）霍伊特的扇形模型

基于伯吉斯建立的城市生态模型，霍伊特对照了大约 142 个城市，得出了新的结论：城市的核心是中心商业区，城市发展过程经历的布局方式与同心圆区域有关，但也不完全遵循这种均质扩散的规律，某些功能区表现出扇形的特征，如图 2–2 所示。

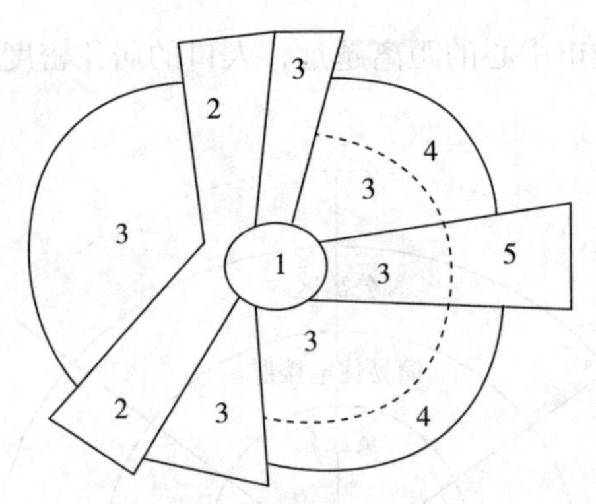

1—中心商业区，2—工业区；3—低收入阶层居住区；4—中等收入阶层居住区；5—高收入阶层居住区

图 2–2　霍伊特的扇形模型示意图

之所以会形成扇形的布局模式，主要受如下三个原因影响：

（1）工业发展对原料和运输的依赖性较强，所以工业区选址往往接近水源和铁路。

（2）工业生产过程中排放的废水、废气、固体废弃物等会对周边的环境造成污染，所以周边的地价较低，逐渐成为低收入人群的居住区。

（3）远离工业区的环境较好，地价较高，而高收入人群能够负担得起高地价，为了获得更好的居住条件，高收入人群往往会选择居住在远离工业区的地方。

对于霍伊特的扇形模型，一些学者认为扇形的概念和边界过于模糊，对城市的发展不具备充足的说服力。

（三）哈里斯和乌尔曼建立的城市生态模型

哈里斯和乌尔曼在对多种类型城市地域结构进行研究后发现，影响城市结构布局的因素有很多，如地价、环境、职业等，基于这一认识，他们提出了城市多核心理论，并建立了如图 2–3 所示的城市生态模型。该城市生态模型表示，城市是由若干个不连续的地域单元组成的，在每个单元中都存在一个核心。

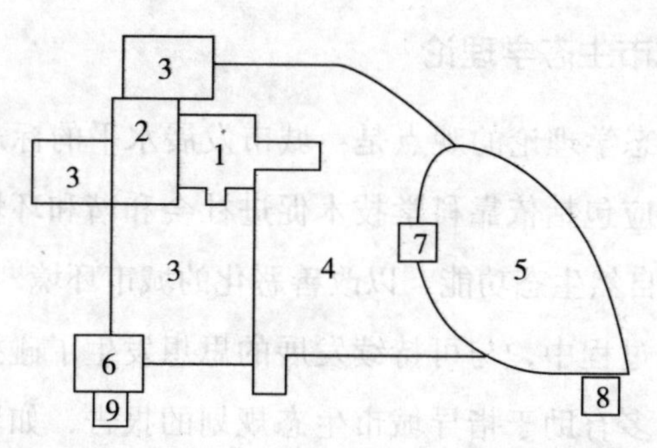

1—中心商业区；2—轻工业区；3—低收入阶层居住区；4—中等收入阶层居住区，5—高收入阶层居住区；6—重工业区；7—异质商业区；8—郊区居住区；9—郊区工业区

图 2–3 哈里斯和乌尔曼建立的城市生态模型示意图

之所以会形成多核心的布局模式，主要有如下三个原因影响：

（1）有些功能区的分布是由于对地域条件的特殊要求而形成的，如工业区对水源有要求，所以会布置在水源附近。

（2）不同功能区的性质影响着其地域分布，如城市活动密集区往往要远离重工业区。

（3）高收入阶层通常会选择社会秩序良好和环境优美的近郊区作为居住区，并且该居住区比较欢迎较高档的小型商业区介入。

依据哈里斯和乌尔曼的城市多核心理论，互为利益关系的功能区在特定地域彼此强化，否则相互远离。

上述三种城市生态模型具有一定的局限性，只能表示对当时不同地区城市的布局的归纳，尤其随着社会的发展，上述三种城市生态模型的局限性越来越凸显。与此同时，全球范围内开始出现城市生态危机，生态学家们对城市生态的研究逐渐从关注城市生态系统空间结构形成的原因转移到改良城市生态空间结构、协调城市各收入阶层关系、建立城市发展机制等方面，现代城市生态学理论也由此诞生。

二、现代城市生态学理论

现在城市生态学理论的观点是：城市发展水平的标志不单纯是经济的高速增长，还应包括依靠科学技术促进社会和谐和环境保护；注意填补城市中匮乏的自然生态功能，以改善恶化的城市环境①。现代城市生态学理论在发展的过程中，与可持续发展的思想发生了碰撞，在碰撞的过程中，形成了诸多有助于指导城市生态规划的报告，如城市发展的合理环境项目报告、如何根除城市环境问题项目报告、城市多功能合作与分工项目报告等。随着人们对城市生态关注度的提高，现代城市生态学理论思潮也越来越汹涌，这些汹涌的理论思潮可归纳为四种：中心化理论、分散化理论、“三明治”理论和水网与交通网络的衔接理论。

（一）中心化理论

中心化理论强调服务于大区域各项设施的集中布置，这样有利于满足大区域的需求，同时也便于管理废弃物的排放。比如，在大区域内建立发电站、水站、污水处理厂，并设立相应的部分负责管理。这种城市规划容易导致两方面的问题：一方面是物质的供不应求，另一方面是城市生态系统内废弃物超出其容量上限。解决上述问题的思路其实非常简单，就是补充供应和消除过量，但无论是补充供应还是消除过量，都会增加社会成本。对于居民来说，他们通常对供不应求和污染物过量的感受更加突出，即对问题的感受更加突出，虽然有解决问题的方法，但社会成本的增加最终是由居民买单，这会进一步导致居民的不满。城市规划的一个目标就是提高居民的满意度、幸福感，上述理论虽然有其积极的一面，但自身所存在的矛盾也是非常尖锐的，不利于城市规划目标的实现。

① 马道明．城市的理性——生态城市调控[M]．南京：东南大学出版社，2008：33.

（二）分散化理论

分散化理论指出，中心化理论所提出的解决方案并没有从根本上解决问题，尤其没有解决环境问题，只是转移了问题的所在。基于此，分散化理论提出：环境问题主要与居民的个人行为和工作单位活动形式有关，为从根本上防治环境问题，各项设施应分散布置，对于城市密集地带的居民应实施疏散措施，号召城市居民向人烟稀少的农村迁移，在农村建立自理家庭和生态村，并适应自建房屋、自种粮食、自理废物的自然生活方式。

分散化理论的问题在于将导致反城市的生活和工作方式的形式，而适应了城市生活方式的居民很难使用这种生活模式。此外，分散化理论提出的家庭式自足系统，需要集体的合作才能完成，但集体组织成员的共生又会导致挥霍更大的空间资源问题，增加了环境问题的覆盖面，与所追求的生态型农村生活方式相背离。

（三）“三明治”理论

“三明治”理论是一种基于对中心化理论和分散化理论进行综合性思考而提出的一种现代城市生态学理论。在“三明治”理论中，领导层需要发挥宏观指导作用，并通过调节或刺激促使改革城市，使不同就业性质和不同生活方式的居民群体得以适应城市的发展；在顶层的指导下，居民群众积极响应号召，节约资源（水资源、电资源、燃气资源等），减少废物的产生，同时积极参与城市治理；夹层是以社区、城市和区域作为主要参与者指导完成某些相关的城市工程，如道路铺设工程、雨水储存工程、公园建设工程、电量与回收热能装置的设计工程等。

（四）水网与交通网络的衔接理论

如果说“三明治”理论是从宏观调控的角度提出的城市生态学理论，那水网与交通网络的衔接理论便是从微观角度提出的城市生态学理论。

该理论认为，城市的高速发展与基础设施的集约化利用将使城市建筑密度增加，并向高层发展，这改变了居民的原有生活方式，破坏了原来的邻里关系，而且也影响了城市环境。城市的高速发展是必然趋势，所以要减少城市建筑的密度，并阻止其向高层发展，便需要将某些行业向郊区迁移，但这一做法又从区域水平层面增加了人工系统的密度，影响区域水平上生态系统的平衡。基于上述思考，作者建议可建立城市的水网和交通网络的有效衔接方式。

交通网络是城市动力功能的承载者，很多产业的发展都依赖交通设施来实现。另外，交通网络还具有公共运输功能，支撑着人类各种各样的活动。水网包括各种形式的地表径流与地下径流，与交通网络相比，它的承载能力较弱，所以可以看作是低动力功能的承载者，具有为休闲地提供景观的一般功能，还具有为雨水提供流动与保存的空间、为居民提供城市用水、为城市绿地的可持续生长提供源泉的职能。水网的合理设计有助于水源的涵养，也有助于发挥地方的生态潜力。通过水网与交通网络的有效衔接，有助于两者功能的充分发挥，甚至产生 1+1 ＞ 2 的效果，但两者的衔接没有固定的模式，应结合城市的水网与交通网络的具体情况而定。

上述各种城市生态学理论强调建立鼓励公众参与的城市调控体系，在城市生态规划中要求注重发挥城市绿色空间与开敞空间的作用，合理安排并协调建筑物的相邻关系，有效连接交通网和水网，加强城市流的设计与控制，实现城市生态功能分工。

三、后现代城市生态理论

后现代城市生态理论是由美国学者怀特（Daniel R. White）提出的。怀特强调生态问题的解决不能只从人类的单边主义出发，还需要考虑其他生物。如果分析后现代城市生态理论产生的背景，有两个背景是绕不开的：一个是复杂性科学在城市研究领域的运用与深化，另一个是可持续发展研究的深入。正是受上述两个背景的影响，后现代城市生态理论与以往的城市生态理论相比，呈现出了截然不同的特征，具体表现在如下四个方面：

（1）认识科学技术重要作用的同时，也看到了科学技术的局限性，所以城市一系列问题的解决，尤其是城市生态环境问题的解决，不能完全依靠科学技术，还需要城市居民的参与。

（2）把城市看作一个系统，而不是个别事物的组合，注重城市内部复合生态系统以及城市与周边地区的均衡发展，强调城市生态环境承载能力，以及城市人口需要耗费资源换算成的生态足迹对城市发展的制约作用。

（3）认识到现有知识的不足，以及城市生态系统的复杂性，所以应进一步加强相关方面的研究，以解决由城市生态系统复杂性带来的一系列问题。

（4）面对城市建设中的不确定性以及可能会出现的不利影响，可采用生态风险评价、环境影响评估等方法予以解决。

第二节　人类生态学理论

一、人类生态学的产生与发展

人类生态学（Human Ecology，最早也被译为人文区位学）的概念最早出现在美国社会学家罗伯特·E. 帕克（Robert Ezra Park）所著的《社会学导论》（1921 年）一书中。在该书中，帕克根据社会成员在行为上相互作用的方式，把社会发展过程分为四个阶段：竞争、冲突、调节、同化。同时，指出了社区的本质特征是：①有一个以地域组织起来的人口；②这里的人口或多或少扎根于他所占用的土地上；③这里的人口的各个分子生活于相互依存的关系之中。帕克关于社会发展与社区本质特征的研究在当时产生了相当大的影响，也奠定了人类生态学产生的基础。

1923 年，美国地理学者巴罗斯（H.H. Barrows）在美国地理学者协会会刊上发表了《人类生态学》一文，主张地理学研究的目的不在于考察环境本身的特征与客观存在的自然现象，而是研究人类对自然环境的反应。但这一观点在当时没有得到地理学家们的支持。1924 ~ 1926 年美国社会生态学家麦肯齐（R.Mckenzie）尝试把植物生态和动物生态的概念运用于人类群落的研究，这一新学科被学术界命名为人类生态学，麦肯齐对人类生态学曾下过经典性的定义，即人类在受选择、分布和对环境适应能力影响下的空间和时间关系。

20 世纪五六十年代以来，随着人口急剧增加、能源危机和环境污染等问题的日趋严重，生态和环境问题引起生态学家和地理学家的关注。地理学从人地关系论出发再次引申出人类生态学概念，认为人类生态学以前的人地关系只停留在地理哲学研究阶段，而现代的人地关系则注重于人类与环境的相互作用机制和全球生态效应研究。人类生态学开始受到越来越多学者的重视。

20 世纪 70 年代以后，越来越多的人类生态学论著问世，逐步形成以现代生态学理论为基础，以人类经济活动为中心，以协调人口、资源、环境和社会发展之间相互关系为目标的现代人类生态学。

二、人类生态学研究的对象与任务

（一）人类生态学研究的对象

人类生态学研究的对象是人类生态系统。人类生态系统指人类及其生存环境相互作用的网络结构，也是人类对自然环境适应、加工和改造而建造起来的人工生态系统。随着人类的发展，尤其在工业革命之后，科学技术快速发展，人类改造自然生态系统的能力极大地增强，创造出了种类繁多、规模不同的人工生态系统。在这个系统中，环境以其固有的方式进行着能量流动和物质流动，并影响着人类的活动，但与此同时，人类的活动在一定程度上改变了环境能量的流向与物质的循环过程。正是因为存在上述相互作用的关系，使得人类生态系统的复杂性超过了纯自然生态系统的复杂性。与此同时，随着人口急剧增加、能源危机和环境污染等问题的日趋严重，针对人类生态系统进行研究的必要性和急迫性愈加地突出。

要研究人类生态系统，有一点需要认识到，那就是人既具有生物学特征，也具有社会学特质，所以人类不仅受社会规律的制约，同时也受自然规律的制约。关于人类受自然规律的制约，作者认为首先深刻地表现为人类的生存依赖于自然，离不开空气、阳光、水、土地、动植物等。的确，在人类漫长而艰辛的进化过程中，人类虽然逐渐形成了对环境的适应能力，但这种适应是由有一定限度的，当超出了这个限度，人类的生存便会受到影响，甚至无法生存。当然，随着科学技术的发展，人类的生物学特征被逐渐压缩，即人类受自然制约的程度在降低，但并没有从根本上改变人的这一特征，这是我们在研究人类生态学以及应用人类生态学理论去指导城市生态规划时要把握的一个基本观点。

（二）人类生态学研究的任务

关于人类生态学研究的任务，作者认为需要从人类生态学发展的背景予以考虑。既然人类生态学是适应于协调人口、环境、资源与发展关系这一客观要求而逐渐发展起来的，那么人口、环境、资源与发展这几者及其相互关系便客观上为人类生态学的研究确定了主要的任务。

环境与资源为人类的生存和生活提供了空间和物质基础，人类通过对环境和资源的开发、利用与保护，对环境与资源施加影响，而在三者的相互作用中，人类的经济活动是不可忽视的，所以在研究三者的相互关系时，需要加入经济因素以及与人类经济活动相关的技术因素。从系统论的观点去看，一定区域内的人口、环境、资源的相互作用，实际上是该区域内生态系统、社会经济系统、技术系统之间的相互作用。人们对资源的开发、利用和保护，实际上是由经济系统通过技术系统向生态系统输入经济能量，生态系统将输入的经济能量转化为各种有机物和无机物，这些有机物和无机物又通过技术系统将一部分转化为经济产品输送给经济系统，另一部分转化为“废物”回输给生态系统。在上述循环往复中，推动了人类社会的发展。

从上述论述可知，人口、环境、资源与发展之间复杂的关系，归纳起来就是人类生态系统各要素之间的物质和能量的交换关系。基于这一认识，聚焦到我国人类生态学研究的任务上，作者认为就是要在辩证唯物主义观的指导下，运用生态学的理论与方法，结合我国发展实际，正确阐明人口、环境、资源与发展之间的辩证关系，“以消耗最小的力量”“变换”为更多的物质财富；与此同时，保护和改善人民的生产和生活环境，以保障人民的身体健康和社会的可持续发展。

三、基于人类生态学下的人类与环境的相互关系

论述了人类生态学研究的对象和任务后，我们立足于人类生态学，进一步探究人类与环境相互作用的关系，这对于如何进行城市生态规划也具有一定的指导意义。

（一）人类是自然环境演化的产物

人类是地球上生物有机体的组成成员之一，而包括人类在内的所有的生物有机体都是地球自然环境演化的结果，虽然人类属于生物有机体进化的高级阶段，但同样脱离不了地球的自然环境。恩格斯也曾指出：“人本身是自然界的产物，是在他们的环境中并且和这个环境一起发展起

来的。”[①]虽然我们没有经历自然环境演化的过程，但根据科学研究可知，是自然环境创造了生物，生物出现之后，又改变了环境，进而又产生了新的生物，如此不断地演变，才有了今天这个丰富多彩的世界。

人类是由动物进化而来的，在3 000万到4 000万年前，地球上出现了首批灵长类动物。当时全球范围气候的特点是潮湿期和干燥期交替，在这样的气候中，灵长类中逐渐演化出了适应这种环境的半地栖古猿，他们能够直立，可以更好地环视草地上的情景。到第四纪时，地球气候出现了明显的冰期和间冰期交替的模式，很多生物死亡，而快速适应这种气候环境的古猿生存了下来，并一步步进化为真人，开始转变为地栖。其实，第四纪生物界的面貌已很接近于现代，哺乳动物的进化在此阶段最为明显，而人类的出现与进化则更是第四纪最重要的事件之一。

人类开始地栖后，捕猎逐渐成了人类重要的生存活动，在这一过程中，人类的直立运动能力、社群活动能力、协作通信能力等得到了进一步的进化，也逐渐适合在更广的地理空间中生活。智能的发展，尤其是发明了火和工具后，更增加了人类开发大自然的能力，这也使得人类人口得到了大发展。其实，随着人类人口的增长，人类捕猎数量也在增加，导致了一些物种的灭绝，这是由于人类活动导致的最早的人类生态危机。为了解决这一危机，人类开始迁徙，并逐渐掌握了畜牧和种植的技术。而畜牧和种植技术的掌握使得人类对于自然资源的选择有了新的转变，人类开始能够比较稳定地获取自然资源，而人类自身演化或发展原来是完全依赖于自然环境因子支配的生态学流程，此时已在很大程度上改变了原来依附的程度了。

从上面的论述也可大致了解，人类的起源、演化、发展都与自然环

① 中共中央马克思恩格斯列宁斯大林著作编译局．马克思恩格斯选集 3[M].北京：人民出版社,2012：74.

境有着密切的联系，即便在科学技术已经实现飞速发展的今天，人类依旧没有脱离自然，依旧是在自然环境演化的大框架下生存和发展，所以追求人类与自然的和谐发展始终是人类发展的一个重要目标，这也是城市生态规划中需要充分考虑的。

（二）人类对自然环境的利用和改造

人类作为自然环境演化的产物，在自然环境作用于人类的同时，人类也在同时作用于自然界，而人类对自然环境的利用和改造就是人类作用于自然界的直接体现。人类对自然环境的利用和改造是通过劳动实现的。人类通过劳动可以认识自然的客观规律，并在其基础上发现自然环境及其某些要素的新的性质，进而更好地利用和改造自然环境。在利用和改造自然的时候，人类对自然环境的影响基本表现在两个方面：一方面是积极的影响，另一方面是消极的影响。

首先，从积极的影响方面来看，人类在利用自然环境中的过程中，也经常会结合自身的需求创造出一些自然环境原本不存在的物质，这些物质给自然环境增加了新的色彩。此外，随着人类的发展，人类对自然环境及其与人类关系的认识越来越深刻，人类在利用和改造自然的过程中，不再只以满足人类自身发展为目的，而是能够做到保护与改造并重，甚至在此基础上创造出新的生态系统，这也使整个地区的生态系统变得更加绚丽多彩。

其次，从消极的影响方面来看，人类在利用和改造自然环境的过程中，导致了一系列生态环境问题，如资源问题、气候问题、生物多样性问题等。以气候问题为例，温室效应使得全球的气候在变暖，而气候变暖会导致两极冰川融化，海平面上升，沿海地区将被淹没。此外，温室效应还会导致旱灾、尘暴等频繁发生，引起森林火灾，导致野生动物灭绝，进而给人类的生存和发展带去灾难性的后果。其实，地球的大气本身就存在着温室效应，它的作用是使地球保持一个适于人类生存的温度环境，但由于人类活动的规模越来越大，向大气内排放了大量的温室气体，使得温室效应增强，进而在全球范围内引发了气候问题。因此，人类应重视人类活动对自然环境的消极影响，并采取一系列的措施，缓解甚至解决生态环境问题，从而达到一种可持续发展的平衡。

其实，城市生态规划本身就属于人类对自然环境的利用和改造，因为在原始的自然生态系统中不存在城市生态系统，而基于前面的论述可知，人类在规划城市生态系统的时候，应从人类对自然环境影响的积极层面进行考虑，同时关注人类活动可能对自然环境造成的消极影响，以便将人类活动对自然环境的消极影响降到最低，进而实现人类与自然环境的协调发展。

第三节　景观生态学理论

一、景观生态学的出现与发展

“景观生态学”（Landscape Ecology）一词最早出现在德国地理学家卡尔·特罗尔（Carl Troll）撰写的《航空像片判图和生态学的土地研究》（1939 年）一文中。这个概念是在卡尔·特罗尔利用航空照片进行东非土地利用空间的研究之旅中总结而来的。他在提出这一概念时，主要是因为看到了地理景观学和生态学中各自的不足以及相互之间的互补关系，而将两者结合起来，可以有效解决大尺度地域区域中生物群落之间、生物群落与环境之间各种错综复杂的关系问题。在提出景观生态学概念的同时，卡尔·特罗尔指出，景观生态学不是一门新的科学或者新的科学分支，而是一种综合性研究的思想。从景观生态学概念的提出一直到 20

世纪 80 年代，景观生态学的研究主要集中在中欧几个国家，所以其发展相对缓慢。

一直到 20 世纪 80 年代，景观生态学才在政治意义上实现了全球性的研究热潮，也是在这一时期，“国际景观生态学协会”正式成立，这使得景观生态学的研究有了一个专业的组织，也使得景观生态学研究的国际性交流有了可能。进入 20 世纪 90 年代后，景观生态学研究更是进入了一个蓬勃发展的时期，一方面研究的全球普及化得到了提高，另一方面该领域的学术专著数量空前。今天，随着遥感、地理信息系统（GIS）等技术的发展与日益普及，以及现代学科交叉、融合的发展态势，景观生态学正在各行各业的宏观研究领域中以前所未有的速度获得接受和普及。

二、景观生态学相关原理

景观生态学是将生态学研究垂直结构的纵向方法与地理学研究水平结构的横向方法结合起来，研究景观的结构、功能、格局、过程与尺度之间的关系、景观变化及人类与景观关系的连接自然科学和相关人类科学的交叉学科。景观生态学强调异质性，重视尺度性，关注格局与过程的相关性，倡导人与景观的和谐性。对于城市生态规划，景观生态学也具有一定的指导意义，而理解了景观生态学相关的原理，才能真正理解什么是景观生态学，也才能更有效地在城市生态规划中运用景观生态学。下面，作者便针对景观生态学相关的一些原理做简要的阐述，如图 2–4 所示。

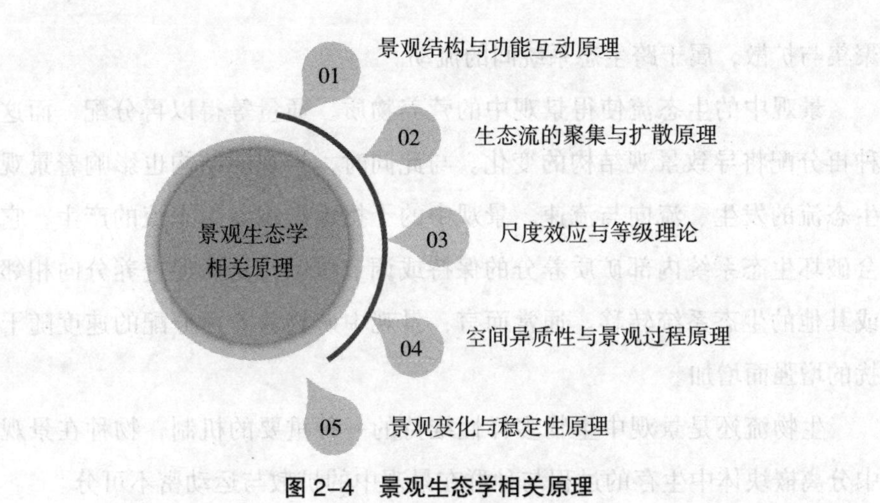

图 2-4　景观生态学相关原理

（一）景观结构与功能互动原理

景观结构是生态客体在景观中异质分布的结果，所以景观中生态客体的运动会影响景观结构的变化。景观结构形成的过程是景观的一种自组织过程，最终形成一种稳定的耗散结构，其自然趋势是一种最小熵增过程，不过自然过程往往是比较缓慢的。景观结构形成之后，构成景观的景观要素的大小、数目、形状、类型等都会对生态客体的运动特征产生影响，进而影响景观的功能。由此可见，景观结构与景观功能间是相互影响的，两者是相辅相成的。要实现一定的功能需要有相应的景观结构支撑，而景观结构的形成又同时受到景观功能的影响，这便是景观结构与功能互动原理。该原理揭示了景观结构与景观功能的相互作用关系。应用景观结构与功能互动原理，对景观结构进行调整以改变或促进景观的功能，是城市景观管理的重要内容。

（二）生态流的聚集与扩散原理

物质、能量、生物有机体和信息等在景观要素间的流动被称为生态流，它们是景观过程的具体体现。不同性质的生态流可能有不同的发生机制，但经常是几种流同时发生的。受景观格局的影响，生态流体现为聚集与扩散，属于跨生态系统间的流动。

景观中的生态流使得景观中的营养物质、通量等得以再分配，而这种再分配将导致景观结构的变化。与此同时，景观的结构也影响着景观生态流的发生、流向与流速。景观中的干扰也影响着生态流的产生，它会破坏生态系统内部矿质养分的保持或调节机制，从而促进养分向相邻或其他的生态系统转移。通常而言，景观中矿物营养再分配的速度随干扰的增强而增加。

生物流还是景观中生物多样性维持的一种重要的机制，物种在景观中分离嵌块体中生存的过程与种群在景观中的扩散与运动密不可分。

1. 廊道特征与景观中的流

廊道具有四种重要的功能：①为生物提供栖息地；②物种沿廊道迁移的通道；③对两侧的景观要素间的流起过滤或屏障作用；④影响周围基质的生物源于环境。

（1）廊道。在自然景观中，动物、植物是沿廊道迁移的主要物流，如哺乳动物沿高速公路的开阔边缘迁移。如果自然景观中存在廊道，虫害、火灾等干扰便可能沿廊道迅速蔓延。当然，廊道也具有一定的隘道作用，如果能够合理地利用廊道隘道功能，也能有效控制干扰的传播。城市景观中的廊道有道路、河流、管道、街道等，对城市生态系统的能量流、物质流、信息流的扩散和聚集起着重要的作用。同时，廊道也是城市的基础设施，其通道功能不言自明。

（2）屏障与过滤器。廊道对横穿景观的生态功能流有一定的屏障作用。比如，当坡地植物廊道与等高线平行时，植被廊道可以比较有效地控制水土流失。此外，廊道能够阻碍一部分物种的穿越（因为不同物质的穿越能力不同），从而在物种的空间分布上起到一定的过渡作用。城市景观中的防护林带能有效降低风速，减轻风沙的危害，而河流在一定程度上阻碍了河流两岸的交流。

（3）断开。断开一般可阻止物种沿廊道地迁移，而且其长度是决定哪些物种受到影响的主导因素，有时廊道宽度或有无断开可能会相互作用，从而影响物种沿廊道地迁移。此外，对于对物种迁移起屏障作用的廊道而言，断开也可促进一些物种穿越，如家畜或野生动物通过管道或在桥下穿越高速公路。

2. 流与基质

风尘、热量、风传种子可以以相对均匀的层流形式在基质上空运动，而某些动物、害虫却可以几乎无间隔地蔓延至某个特定类型景观要素的广大空间之中。基于这一认识，在火灾易发区，人们常常会建立防火屏障，降低基质的连接度。与此同时，为了保护那些不能穿过廊道的物质，需要增大基质的连接度。在城市景观规划中，应保留必要的绿色廊道，以此确保物流的畅通，而城市景观中零星的绿都系统有助于维持城市生物的多样性。

（三）尺度效应与等级理论

1. 尺度效应

尺度一般是指对某一研究对象或现象在空间上或时间上的量度，可用分辨率与范围来描述。在生态学中，空间尺度是指所研究生态系统面积的大小或最小信息单元的空间分辨率水平，时间尺度是其动态变化的时间间隔，而表征生态学组织的最小可辨识单元所代表的特征长度、面积或体积被称为组织尺度。

景观中的尺度是景观生态过程时空特征的变化，景观中的生态过程存在一系列的特征尺度，其生态效应具有尺度依赖性。特征尺度可通过分析景观的组织结构特征检出。研究景观的特征尺度是研究景观生态过程的重要内容之一，而把有关生态过程或现象放到特定的时空尺度进行研究，是景观生态学的又一重要特色。

尺度选择的不同，会导致对生态格局和过程及其相互作用规律认识的不同。从理论上来说，应选择可以将人类、生物、非生物等关联起来的最佳尺度，但很多时候，尺度的选择会受到技术、认知能力等方面的限制。在研究景观格局时，尺度的选择会影响误差的大小，通常情况下，所选择的尺度应比研究的空间范围小 2 ～ 5 倍，而在应用聚集、形状、优势度等景观结构指标时，所选择的尺度应比斑块大 2 ～ 5 倍。

2. 等级理论

等级理论是基于一般系统论、非平衡态热力学、信息论以及现代哲学有关理论发展而来的，它是关于复杂系统结构、功能和动态的系统理论。由等级理论可知，复杂系统具有离散性等级层次，所以可以将复杂系统的研究进行简化。通常情况下，处于等级系统中低层次行为或动态表现出小尺度、高频率、快速度的特征，而高层次行为或动态则表现出大尺度、低频率、慢速度的特征。此外，不同等级层次之间还具有一定的相互作用，即低层次为高层次提供机制与功能，而高层次则对低层次起制约作用，这些制约在研究中可表达为常数。

等级系统有水平结构和垂直结构。就水平结构而言，每一层次都由不同的整体元组成。整体元具有双向性，对高层次表现为从属组分的受约特征，对低层次则表现出相对自我包含的整体特征。就垂直结构而言，有巢式和非巢式两种等级系统。在巢式系统中，每一层次都由其下一层次组成，两者具有完全包含和被包含的关系，同时，高层次的特征可以根据低层次的特征进行推测；在非巢式系统中，不同等级层次由不同实体单元组成，上下层次之间不具备包含与被包含的关系，高层次的特征也不能根据低层次的特征进行推测。

其实，等级系统也是尺度科学的概念，我们可以将等级系统理解为一个具有若干有秩序层次的系统，有水平结构和垂直结构两种。等级系统的核心之一就是系统的组织性来自各层次间的过程与速率的差异。应用这一理论合理地分解系统，对景观生态研究有重要的方法论意义。

（四）空间异质性与景观过程原理

空间异质性是景观中生态客体空间不均匀分布的结果，直观上形成了景观格局。景观生态学中的格局多指空间格局，即缀块体和其他组成单元的类型、数目以及空间分布与配置等。

过程强调现象或事件发生、发展的程序与动态特征。在景观生态研究中，种群动态、群落演替、养分循环、有机体的传播、干扰扩散等是经常被研究的生态过程。景观的生态过程既是景观塑造的过程，也是景观功能体现的过程。

景观异质性与景观过程的发生互为因果。通常情况下，景观中空间异质性的增加会导致景观中生态流的增加，所以在改造景观时，可适当增加景观的异质性，从而增加生态流。需要注意的是，景观异质性的增加对景观过程的影响不是一个线性的过程，一个景观的异质性应维持在一定的水平范围内，否则会影响景观的稳定性。

空间异质性与景观过程可为城市景观规划提供理论指导。下面，作者便针对城市景观的异质性做进一步的论述。

景观异质性指景观内各要素之间的差异性。城市景观由于存在人的干预，所以异质性往往比较强。城市中的景观主要有两类系统构成：一类是自然生态系统，另一类是人工生态系统。城市景观的异质性主要体现在空间异质性上。

从空间结构考虑，城市中的道路、公园、绿地、广场以及人工构建物等的功能各不相同。比如，道路起交通作用，贯穿整个城市的景观，与此同时，道路也起到一定的分割作用，将城市景观分割开来，在一定程度上增加了城市景观的异质性。再如，公园和绿地中有很多植物，这些植物发挥着重要的生态功能，是城市的“肺”。而不同的公园、绿地由于种植的植物不同，也起到了增加城市景观异质性的作用。此外，就城市中的某一景观而言，其内部也存在景观异质性。比如，公园内有树林、草坪、建筑、水体等要素，这些不同性质的要素使得公园景观也表现出较强的异质性。

对于景观而言，异质性非常重要，它使得景观系统得以维持生物的多样性，使得景观内部形成了各种生态流，从而使景观生机勃勃。城市景观也需要保持较高的异质性，这对维持城市的生态平衡以及城市的可持续发展具有重要意义。至于如何增加城市景观的异质性，作者认为可从如下几个方面做出思考。

1. 保护城市景观中的敏感区

城市景观中的敏感区包括：①生态敏感区，如城市的河流水系、稀有植物群落、山地土丘、部分野生动物栖息地等；②文化敏感区，主要指城市中具有文化价值的地区，如特色建筑、文物估计等；③自然灾害敏感区，如地质不稳定区、容易发生水患的滨水区、空气严重污染区等。各城市都应加强对上述敏感区域的保护。

2. 增加城市景观的多样性

城市景观规划需摒弃千篇一律的模式，应结合自身城市的特色，增加城市景观的多样性。比如，对于一些具有历史底蕴的城市，在规划城市景观时，可融入一些历史文化内容，这样就可以增加城市景观的异质性，也可以体现城市的文化特色。

3. 增加绿地斑块内部的异质性和连通性

一个斑块作为一个系统，其自身应该具有更小尺度的异质性，以维持斑块系统的稳定性。比如，一个公园中可以有树林、草坪、水体、人工建筑等多种元素，树林则可以采取乔、灌搭配的方式。此外，绿地斑块分散在由街道、广场、建筑等构成的基质中，彼此之间也可以联系起来，构成一个整体。比如，将道路绿化廊道、城市公园绿地、滨水绿带、生产绿地、防护绿地、附属绿地等连接起来，并将城市内部的斑块绿地与城市规划区范围内的绿地空间控制区有机相连，将城市纳入自然环境的包围中，与自然融为一体，达到整体效益最佳。

（五）景观变化与稳定性原理

景观稳定性指景观抗干扰的能力以及受干扰后的恢复能力。每种景观要素都有自身的稳定性，所以景观的总体稳定性可以反映出每种景观要素所占的比例。从景观要素的生物量构成可以将景观稳定性分为三种情况：①景观要素生物量较高时，抗干扰能力强，但恢复能力较弱；②景观要素生物量较低时，景观抗干扰能力弱，但恢复能力较强，能够从干扰中快速恢复；③景观要素基本不存在生物量时，景观无生物学的稳定性，其物理特征容易发生变化。景观稳定性的维持机制称为内稳定性，它是通过景观内生态过程与景观结构的正、负反馈机制来实现的。

1. 干扰及其生态效应

景观及生态系统的环境因子一直处于变动过程中，这种变动性称为生态扰动。如果这种变动处于正常范围内，一般不会对景观及生态系统产生破坏性的影响。其实，景观及生态系统环境因子的变动对景观及生态系统具有非常积极的意义，它是景观及生态系统多样性存在的必要条件之一，但如果变动超过一定的范围，往往会对景观和生态系统产生破坏性的影响。一般将景观与生态系统造成破坏性影响的突发事件称为干扰。从性质上划分，干扰可分为人为干扰和自然干扰。人为干扰如伐木、开垦耕地、兴建建筑物等活动，其对景观的影响通常是小范围、高频度的，往往在景观中形成相对不稳定的嵌块；自然干扰如洪水、地震、山火、火山爆发等，其对景观的影响往往是大范围、低频度的，自然干扰一般导致特定景观格局的形成。干扰对景观的影响主要表现在异质性、生物多样性与破碎化三个方面。

（1）干扰与景观异质性。景观异质性与干扰的生态效应存在紧密的联系，从某种程度上来说，景观异质是不同时空尺度上频繁发生干扰的结果。每一次干扰都会对景观产生一定的影响，在多种形式干扰的作用下，异质性的景观逐渐形成。通常情况下，中强度的干扰会降低景观的异质性，而低强度的干扰会增加景观的异质性。比如，小规模的森林火灾使得森林形成了小的斑块，森林景观的异质性得到了增加；而大规模的火灾会烧毁森林，导致森林的异质性降低。此外，干扰对景观异质性的影响也与景观自身的性质有关。对于干扰敏感的景观结构，在受到干扰时，产生的影响较大；而对于干扰不敏感的景观，在受到干扰时，产生的影响则较小。

（2）干扰与景观生物多样性。从干扰的角度来看，适度的干扰有利于景观生物的多样性，而较高频率和较低频率的干扰都会导致景观生物多样性的降低。景观生物多样性除了与干扰的频率有关外，还与景观内生物对干扰的敏感程度有关。在相同的干扰下，反应敏感的生物即便在较小的干扰下也会发生比较明显的变化，而反应不敏感的生物受到的影响则较小。

（3）干扰与景观破碎化。景观破碎化是指由于自然或人文因素的干扰所导致的景观由简单趋向于复杂的过程，即景观由单一、均质和连续的整体趋向于复杂、异质和不连续的斑块镶嵌体。景观破碎化导致物种以异质种群方式存活，使得基于异质种群动态模拟破碎化景观动态成为可能。

2. 景观变化模式

景观变化模式是指景观变化在宏观尺度上表现出来的规律性。通常而言，景观变化是多尺度叠加的综合表现。比如，荒漠化是人类活动、植被过程以及全球气候变化等综合作用的结构。另外，景观变化在水平维度上也有一些明显可辨的模式，如轴心式、同心圆式、点轴式等。不同模式反映了景观变化的过程，所以研究景观变化模式对指导景观过程的有效控制具有重要的意义。

3. 景观稳定性

景观稳定性是指景观在受到干扰时保持其状态的能力。景观都有长期的变化趋势和短期的波动特点，如果在干扰的作用下，景观参数的变化呈水平状态，并且在其水平线上下波动幅度和周期性具有统计特征，可以称景观是稳定的。景观的稳定性具有尺度效应，即在不同的时空尺度下，同一景观表现出的稳定性不同。比如，从较短的时间尺度来看，湖泊是相对稳定的，但如果从较长的时间尺度来看，生物和非生物的积淀作用会改变其状态，湖泊最终会变为沼泽，所以它又是不稳定的。

总之，随着城市化进程的加快，城市景观的覆盖面将越来越多，而理解了景观生态学相关的上述原理，便可以更加有效地从景观层面指导城市生态的规划。

第四节　可持续发展理论

一、可持续发展理论的出现

（一）全球可持续发展思想的出现

全球可持续发展思想及其相关理论的出现不是一个偶然的事件，而是有着广泛而又深刻的社会历史背景和现实背景。从某种意义上来说，人类社会传统发展模式的危机及其造成的实际损害，是可持续发展思潮兴起的最重要的社会历史背景。它促使世界各国的经济学家、社会学家、哲学家、环境学家等深入反思，而可持续发展理论便是在这个反思的过程中诞生的。

20世纪60年代，西方发达国家的几十位学者组成了一个罗马俱乐部，其宗旨是研究人类当前和未来的处境问题。1972年，美国麻省理工学院的丹尼斯·梅多斯（Dennis Meadows）教授受罗马俱乐部的委托，发表了一篇关于世界趋势的研究报告——《增长的极限》。丹尼斯·梅多斯在报告中提出了“全球均衡状态”的概念，并主张停止全球人口数量的增长，削减全球范围内的资源消费量，以维持地球运转的平衡。与丹尼斯·梅多斯持反对观点的学者认为，丹尼斯·梅多斯过分夸大了人口爆炸、能源短缺的严重性，并且技术的发展可以解决诸多问题，如创造出新材料、新能源，从而缓解人类资源短缺的问题。

虽然关于人类当前和未来的处境问题，学者之间存在很大的争议，但也正是在这种争议中，人类对于自身处境问题的认识不断加深。1981年，美国世界观察研究所所长布朗出版了《建设一个持续发展的社会》一书。同年，美国卡特政府发表了有关未来世界发展的名为《全球2000年——进入21世纪》的报告。1983年，20位非政府专家联合发表了《全球2000年修订报告》。所有这些，表明了人类对全球可持续发展所做的探索。正是在这样的时代背景下，以挪威首相布伦特兰夫人为首的世界环境与发展委员会在1987年发表了《我们共同的未来》一书，可持续发展的定义和基本理论在本书中被正式提出。可持续发展思想一经提出，便受到了国际社会的广泛认同和响应。

（二）中国特色可持续发展理论的构建

联合国环境与发展大会之后，我国政府在世界银行和联合国开发计划部署的支持下，先后完成了中国可持续发展的多项重大研究和方案，形成并丰富了具有中国特色的可持续发展理论。这些研究成果包括：①中国环境与发展十大对策；②中国环境保护战略研究；③中国环境保护行动计划（1991～2000年）；④中国21世纪议程以及中国海洋21世纪议程；⑤ 中国保护生物多样行动计划；⑥中国逐步淘汰消耗臭氧层物质国家方案；⑦中国控制温室气体排放战略研究；⑧中国环境保护21世纪议程；⑨ 中国林业21世纪议程；⑩中国城市环境管理研究（污水和垃圾部分）；⑪ 中国跨世纪绿色工程计划。

需要特别强调的是，在上述研究成果中，由我国政府组织编写的《中国环境保护21世纪议程》对我国经济、社会与环境的相互关系进行了系统的论述，构建了一个长期的、综合性的、渐进性的可持续发展战略框架，不仅从理论上，更从实践上丰富了具有中国特色的可持续发展理论，是我国可持续发展理论的经典文献。

进入21世纪后，随着可持续发展思想在我国的深入普及，越来越多的学者投入可持续发展理论的研究之中。目前，我国已经出版了一大批关于可持续发展理论的相关著作，具有中国特色的可持续发展理论的大厦已初步完成建设，正在日臻完善。

二、可持续发展的概念与内涵

（一）可持续发展的概念

关于可持续发展理论的概念，目前国际上最具权威的定义是世界环境与发展委员会制定的《我们共同的未来》中所表达的“既满足当代人的需要，又不对后代人满足其需要的能力构成危害的发展”[①]。对于该定义，有两个词语的概念需要明确：“需要”和“限制”。“需要”是指世界上贫困人民的基本需要，应将此放在特别优先的地位来考虑；而“限制”则包括技术状况和社会组织对环境满足眼前和将来需要的能力施加的限制。

虽然该定义目前被认为是最具权威性的，但关于可持续发展的概念

① 世界环境与发展委员会．我们共同的未来[M]．长沙：湖南教育出版社，2009：79.

并没有因此达成共识。不同国家的发展存在差异，这导致它们在“需求”和“技术”方面也存在差异，进而导致了不同国家对可持续发展理解上的差异。

比如，世界资源研究所在《世界资源报告（1992—1993）》中提出，可持续发展是不降低环境质量和不破坏世界自然资源基础的经济发展[①]。这里所强调的可持续发展是指经济的发展不能以牺牲资源和环境为代价，不能降低环境质量。

再如，英国经济学家皮尔斯(Pearce）和沃福德（Warford）在1993年所著的《世界无末日——经济学、环境与可持续发展》一书中指出，可持续发展就是在保证当代人福利增加的同时，也不使后代人的福利减少[②]。

直到今天，关于可持续发展的概念依旧没有统一的定论。这其实从某种程度上反映了人们从不用的层面对可持续发展的探索与理解，是人们在不同国情、不同阶段上认识可持续发展的理论成果。与此同时，我们也应该看到，可持续发展这一概念作为对可持续发展活动的概括和反映，本身就有一个不断完善、不断深入的过程，在这个过程中，出现认识上的差异在所难免。

基于其他学者对可持续发展概念的解释以及我国的国情，作者认为可持续发展可以理解为人类能动地调控环境、人口、资源、经济、社会复合系统并使之相互协调、持续发展的一种实践方式。

（二）可持续发展的内涵

可持续发展的内涵主要包括如下几个方面：

① 世界资源研究所．世界资源报告（1992—1993）[M].张崇贤，译．北京：中国环境科学出版社，1993:2.

② 戴维·皮尔思，杰瑞米·沃福德．世界无末日——经济学、环境与可持续发展[M].张世秋，译．北京：中国财政经济出版社，1996:50.

（1）可持续发展的核心是可持续，落脚点是发展。与传统的社会发展相比，虽然落脚点都是发展，但可持续发展所强调的发展是指摒弃高能耗、高污染的发展，社会发展应该与生态保护有机结合起来，实现经济的绿色增长。

（2）可持续发展关注资源环境的是承载能力。资源环境的承载能力是有限的，如果超出了资源环境的承载能力，便可能会造成不可逆的损害，所以应降低社会发展对自然资源的耗竭速率（低于可再生资源的再生速率），推广清洁工艺和可持续的消费方式。

（3）可持续发展问题的根源在于资源配置的方式是否具有可持续性。它既包括代际内的区域间的资源分配，又包括代际之间的时间序列上的资源分配。从全球范围看，不同国家的经济发展阶段是有区别的，国家内部也存在发达地区和落后地区的差别。在资源配置时，需要特别考虑后进地区的基本需求。

（4）实现人类与自然的和谐发展是可持续发展的目标之一。自然环境是人类发展的基础和保障，如果自然环境遭到破坏，那人类也便失去了发展的基础和保障，所以人类在追求发展的同时，也要做到与自然和谐相处。

（5）可持续发展的实现需要公众的参与。要想实现可持续发展，不能只依靠某个人或某些人，而是要依靠公众，即用可持续发展的思想改变人们传统的不可持续发展的思维方式，并用可持续发展思想指导人们的生产生活，构建普遍参与的物质文明、生态文明和精神文明的社会秩序与社会风尚，最终在公众的参与中实现可持续发展。

三、可持续发展的理论指导

无论是应用可持续发展理论从宏观上指导国家发展，还是具体到城市生态规划，都需要对应的理论支持，以更好地应用可持续发展理论。

下面，作者便针对可持续发展的理论指导做简要的阐述。

（一）“新三论”

“新三论”指突变论、协同论和耗散结构论，它们是20世纪40年代创立的。“新三论”揭示了社会、自然、思维领域中很多现象的一致性，从而更加具体地指明了物质世界的统一性。“新三论”概括出的反馈原理、有序原理、整体原理适用于一切科学，对可持续发展也具有一定的指导意义。下面，作者便针对这三个原理做简要的论述。

1. 反馈原理

在人类发展的过程中，人类通过控制或引导系统，使其向有利于人类生存和发展的方向演化，而控制和引导的一个重要支撑是反馈，即只有得到反馈，人类才能更好地做下一步的控制和引导。在实施可持续发展战略的过程中，人类需要不断得到反馈，然后根据反馈调整自己的行为，从而确保可持续发展战略的实施始终朝着正确的方向前进。其实，从某种意义上来说，可持续发展理论本身就是人类根据自然环境反馈而逐步探索出来的，在实施的过程中，反馈同样发挥着不可替代的作用。

2. 有序原理

系统从较低级的结构发展到较高级的结构称为有序；反之，则称为无序。无论任何系统，只有保持开放，与外界进行信息的交换，才能实现有序。其实，人类在发展的过程中，人类活动系统（如社会系统、文化系统、经济系统）与周围的环境始终存在着广泛的信息交换、能量交换和物质交换，这为人类活动系统的有序提供了基础。相较于传统的发展方式，可持续发展在推动人类活动系统向有序方向发展中能够起到更加积极的作用。

3. 整体原理

根据整体原理可知，对于任何系统来说，其整体功能都不等于各子系统功能之和，如果不能协调好各子系统之间的关系，那么系统的整体功能便会小于各子系统功能之和。可持续发展追求的是低能耗，系统的整体功能小于各子系统功能之和属于一种高能耗的情况，这显然不符合可持续发展理论。因此，在一个系统中，如本书论述的城市生态系统，应协调好各子系统之间的关系，从而使各子系统的功能得到充分发挥，进而保障整个系统的发展。

（二）协同理论

协同理论是德国斯图加特大学教授赫尔曼·哈肯（Hermann Haken）在多学科（包括系统论、信息论、突变论、控制论等）研究的基础上创立的。协同理论着眼于如何通过系统自身内部的协同作用，使远离平衡态的开放系统在同外界进行物质或能量交换的情形时，能自发地在空间和功能上形成有序结构。协同理论在内容上主要表现在三个方面。

1. 协同效应

协同效应是指由于协同作用而产生的结果。无论是自然系统，还是社会系统，都存在着协同效应。当某个系统由于内部作用或外部作用导致整个系统变得不稳定并达到一个临界点时，协同作用便会产生并作用于各个子系统，而随着各个子系统的协同，整个系统也会从无序走向稳定的有序。

2. 伺服原理

所谓伺服原理，简单来说就是“快变量服从慢变量，序参量支配子系统行为”。伺服原理在一定程度上解释了系统不稳定因素和稳定因素彼此作用而产生的自组织过程。在系统发生质变或者要达到临界点时，系统的动力学和突现结构通常是由几个序参量决定的，这几个序参量影响着整个系统，并决定着系统演化的整个过程。

3. 自组织原理

自组织原理从系统内部出发，揭示其内部在无任何外界干扰下，能够按照某种规则，即大量子系统之间的协同作用自动形成一定的结构或功能，体现其内在性和自生性的特点。

无论是“新三论”，还是协同理论，对于可持续发展都具有一定的指导意义。

四、与可持续发展有关的主要因素

无论是以城市生态系统作为研究对象，还是以国家生态系统作为研究对象，抑或是以全球生态系统作为研究对象，与可持续发展有关的因素主要包括五个：人口因素、环境因素、资源因素、技术因素和制度因素。在应用可持续发展理论指导城市生态规划时，也可从这五个因素着手进行分析。

（一）人口因素

人口指居住在一定地区的人的总和。就社会发展而言，人口体现出了明显的双重作用：一定数量和质量的人口可促进社会的发展，但人口增长过快、人口结构不合理、人口素质低却会在一定程度上阻碍社会的发展。因此，要实现可持续的发展，人口因素是一个不可忽视的因素。

1. 调控人口数量

任何一个地区都存在有限人口总量，即一个地区在不降低未来发展能力的基础上，可以承载的最大人口总量。超过人口总量，地区的可持续发展便会受到影响。当然，人口总量过少，也会影响该地区的可持续发展，因为在地区发展中，人才是核心，如果缺乏足够的人才支撑，可持续发展同样难以实现。因此，需要对一个地区的人口数量进行调控，使该地区的人口数量不超过有限人口总量，同时又可以支撑地区发展对人才的需求。

2. 调整人口结构

人口结构指人口的各种比例关系和组合状况。人口结构的合理与否在很大程度上影响着地区的可持续发展，所以人口结构的调整也非常有必要。人口结构调整包括人口年龄结构调整、人口地区结构调整和人口城乡结构调整。人口年龄结构指各年龄段人口在全部人口中的比重，如果人口结构偏向老龄化，容易引起劳动力供给、社会保险等一系列的问题，所以在控制人口数量的过程中，要具有长远的眼光，最大限度地避免人口老龄化。人口地区结构是指一定时期内人口的空间集聚情况。如果人口分布不均衡，容易导致经济发展的不平衡，这不符合可持续发展理念，所以应采取一系列调整措施，以使人口地区结构趋于合理。人口城乡结构是指人口在城市和乡村的分布情况。从世界范围来看，随着现代工业的发展，人口从乡村到城市流动的速度越来越快，这虽然促进了城市的繁荣，却拉大了城乡的差距，进而导致了一系列的问题。不可否认，城镇化是国家发展过程中的一条必经之路，但当城镇化发展到一定程度时，应走城乡统筹发展之路，所以对于一些城乡人口结构不合理的地区，也应采取必要的调整措施。

3. 提高人口素质

人口素质也是影响城市可持续发展的一个重要因素。影响人口素质的因素有很多，包括教育、社会宣传、社会引导等。其中，教育的影响因素最为突出，因此，要提高人口素质，首先需要做的就是增加教育投入，使教育得以进一步普及。需要注意的是，这里所指的教育不止限于学校教育，还包括成人教育、远程教育、在职人员的再教育等。

（二）环境因素

环境是相对于中心事物而言的，中心事物的不同，会导致环境的不同。我们此处所说的环境是指以人类为中心的外部环境，包括自然环境和社会环境，它是人类赖以生存和发展的物质条件的综合体，在人类的可持续发展中发挥着重要的作用。

1. 环境容量

环境容量是指在人类生存和自然生态不遭受损害的前提下，某一环境所能容纳的污染物的最大负荷量。通常情况下，环境容量越大，可容纳的污染物越多；反之，则越少。一般来说，一个特定的环境（如一个城市）对污染物的容量是有限的，当超出限度之后，环境便会遭到损害，甚至可能会对环境造成不可逆的影响，这不符合可持续发展的理念。因此，污染物的排放必须考虑环境容量，如果超出环境容量，便需要立即采取措施，如减少污染物排放量、降低排放浓度、增加污染物处理等。

2. 正确处理发展与环境的关系

从唯物辩证法的角度去看，发展与环境两者之间既是相互对立、相互矛盾的，也是相互依存、相互统一、相互促进的。一方面，在一定的条件下，经济发展会导致环境问题，而当环境问题积累到一定程度之后，便会反过来阻碍经济的发展。对于发展与环境的对立关系，人们早期的认识更多指向的是发展对环境所造成的负面作用，现在，我们同样要关注环境问题对发展所产生的消极作用。另一方面，发展与环境又是可以有机统一的。环境是社会发展的基础，没有环境的支持，社会发展也便无从谈起，与此同时，社会发展有时不可避免地会带来环境问题，但随着社会的发展，人类解决环境问题的能力也得到了提升，而环境问题的解决使得环境能够继续支撑社会的发展。因此，我们应辩证地看待发展与环境的关系，既要看到两者的矛盾点，也要看到两者的统一点，并从中采取适当的政策，而在发展与环境的对立中谋求两者的协调统一。

在正确认识发展与环境辩证关系的基础上，还需要将其落实在实际的行动中，真正做到发展与环境的协调统一，最终实现社会效益、环境效益和经济效益的统一。至于怎样在实际行动中落实发展与环境协调统一的思想，作者认为可以参考我国环境保护事业开创者曲格平在《我们需要一场变革》一书中的观点。在该书中，曲格平提出了三个要点：第一，环境保护的要求和标准不仅要考虑到人体健康和生态条件的基本需要，还要适应国家在一定时期内财力、物力和技术支持的能力。环境保护的要求只能随着国家经济、社会的不断发展而不断提高。环境保护的要求和标准应该是促进经济、社会健全发展的保证，而不是束缚和阻止发展的桎梏。第二，经济、社会发展必须兼顾环境保护的要求，在发展的同时采取相应措施，使一切经济、社会发展都符合环境保护的要求。不能以牺牲环境为代价去实现发展的目标，要正确地把局部利益与整体利益结合起来，把眼前利益与长远利益结合起来。第三，要实现环境效益、经济效益、社会效益的统一，关键在于把环境保护真正纳入国民经济和社会发展规划中去[①]。上述三点在今天依旧有很强的指导意义。

（三）资源因素

资源是社会发展的基本要素，主要包括自然资源、人力资源和技术资源三大资源。在这里，只针对自然资源进行论述。

1. 自然资源

自然资源是指在一定的时间、地点、条件下，能够产生经济价值，以提高人类当前和未来福利的自然环境因素和条件的总和。自然资源是人类生存的物质基础，同时也是其他资源要素产生的基础。根据更新的速率，可将自然资源分为可更新的自然资源和不可更新的自然资源。可更新的自然资源是指在较短时间间隔内（相对而言）可自然更新的自然资源，如太阳能、风能；不可更新的自然资源是指经过短期内无法通过自然循环得到更新的资源，也就是我们常说的不可再生资源。无论是可更新的自然资源，还是不可更新的自然资源，在没有介入人类生产和生活活动之前，具有的优势属于潜在优势，当被人们开发和利用之后，其优势才得以体现出来。而在开放和利用自然资源时，必须讲求科学，尊

① 曲格平．我们需要一场变革[M]．长春：吉林人民出版社，1997：37.

重客观自然规律，坚持利用与保护相结合的原则，从而使有限的资源发挥出无限的作用。

2. 自然资源的可持续利用

由于人口的迅速增长和人类消费方式的改变，人们对自然资源的需求不断增长，这种需求不仅体现在数量上，还体现在种类上，但地球能够为人类提供的自然资源并不是无穷无尽的，所以如何可持续性地利用自然资源是人类必须要思考的一个问题。什么是自然资源的可持续利用？作者认为，它是指在人类现有认识水平可预知的时期内，在保证经济发展对自然资源需求满足的基础上，能够保持或延长自然资源生产使用性和自然资源基础完整性的利用方式。具体而言，主要体现在如下几个方面：

（1）自然资源的可持续利用不单单指自然资源的使用，还包括自然资源的开发、管理和保护。

（2）虽然自然资源的可持续利用应以满足经济发展对自然资源的需求为前提，但这个前提并不是必要条件，如果两者之间产生较大的矛盾，经济发展应为自然资源保护让步，以满足后代人生产和生活的需要。

（3）自然资源可持续利用的一个重要体现是自然资源生态质量得到保持，甚至得到提高。

（4）不能将自然资源的可持续利用简单地看作一个经济问题，它是一个经济、社会、文化、技术的综合概念，所以需要从经济、社会、文化、技术等诸多方面进行综合性分析评价。有利于自然资源可持续利用的部分，要继续保持；不利于自然资源可持续利用的部分，则需要进行变革，以使其有利于自然资源的可持续利用。

（四）技术因素

技术在可持续发展中也起着关键性的影响作用，很多在当时看似无法解决的发展问题，随着技术的发展，都得到了一定程度上的解决。当然，技术是一把双刃剑，怎样利用好这把双刃剑，是需要人类思考的一个问题。

1. 技术的双重作用

技术是指人类为了满足一定的社会需要，在总结实践经验和运用科学原理的基础上，创造性地用以控制、改造、利用自然的系统知识和手段，如污染物处理技术、发电技术、医疗技术等。技术是社会生产力的重要组成部分，在很大程度上体现着一个地区或国家的发展水平。在很长一段时间内，人类对技术的认知更多地集中在技术对社会发展的促进作用上。比如，技术的发展提高了资源开采的效率，提高了产品生产的效率。而随着对技术认识的不断加深、对环境问题的不断关注，人类也逐渐认识到了技术所产生的负面影响，如加速了资源的耗竭，加重了环境的破坏和污染。但是，有一点是不可忽视的，那就是技术的发展也有助于包括环境问题在内的诸多问题的解决。此外，在正确认识技术双重作用的基础上，还需要我们大力发展绿色技术，这对于人类的可持续发展也具有非常重要的意义。

2. 绿色技术助力可持续发展

绿色技术是指能降低消耗、减少污染和改善生态的技术体系。非绿色科学技术往往以效率为第一要义，而过分地追求效率，便容易导致出现一些环境问题。和非绿色科学技术相比，绿色技术以追求人与自然的和谐发展为目的。比如，在资源开发方面，绿色技术不仅关注资源开发的效率，同时还关注对资源周围环境的保护，以实现资源的可持续利用。再如，在生产方面，绿色科技指向的是清洁生产技术、生态农业技术等有利于环境保护的生产技术。当然，绿色技术的发展不仅有助于解决人与自然的矛盾，促进人与自然的和谐发展，而且还有助于解决技术自身发展的矛盾，形成新的技术进步机制，优化技术发展方向。目前，人类在绿色技术方面已经取得了一定的成果，绿色技术的生态化作用也日益凸显，未来，随着绿色技术的进一步发展，其将会在人类的可持续发展中发挥更大的作用。

（五）制度因素

人类的可持续发展是在一定的制度背景下产生的，其实现也离不开一定的制度背景。制度是一个非常复杂的概念，要系统地阐述制度对可持续发展的影响作用是非常困难的，所以作者在此仅从制度因素中选取市场经济制度和法律制度两个关键性的制度进行分析。

1. 可持续发展与市场经济制度

经济制度是影响社会发展的一个重要因素，目前，世界上绝大多数国家都选择了市场经济制度，我国在改革开放之后，也逐渐确立了社会主义市场经济的基本制度框架。和计划经济相比，市场经济对社会发展的推动作用突出表现在如下几个方面：①有效配置市场资源，推动技术创新，提高经济运行效率，促进经济快速发展；②有助于减少人为的“公地悲剧”（指由于缺乏产生保护所造成的资源滥用和环境破坏），促进自然资源和生态环境的保护；③市场经济制度下的价格机制有助于资源的合理开发和利用。虽然市场经济制度的优势作用非常突出，但社会在不断发展，面对可持续发展的要求，市场经济制度也需要不断创新，以与可持续发展的理念相适应。至于如何创新，作者认为可以从三个方面做出思考：①建立与可持续发展相适应的价格形成机制；②建立与可持续发展相适应的绿色会计制度；③建立与可持续发展相适应的环境标志制度。上述三个方面对现行市场经济制度的改革和完善具有一定的借鉴意义。

2. 可持续发展与法律制度

社会发展离不开健全的法律制度，作为公众共同遵守的行动准则，法律制度体现在法律制定、法律遵守和法律执行等方面。从可持续发展的角度来看，法律制度的重要作用是将可持续发展纳入法治化的轨道，通过对人的行为的规范和约束，最大限度地消除任意因素造成的社会各个领域的短期行为。因此，要推动可持续发展战略的实施，任何国家都需要建立和健全相关方面的法律。首先，应加强可持续发展领域内的立法工作，完善相关的法律法规体系，包括加强环境立法、资源立法。其次，加强可持续发展领域的执法工作，健全相关法律的实施体系和保障支持制度。要充分发挥法律的作用，不仅要着眼于法律的制定，还需要关注法律的执行，持续规范相关人员的执法行为，不断提高执法的效果。最后，加强与可持续发展相适应的司法体制建设，具体体现在三个方面：①提高司法人员在可持续发展方面的执法能力；②进一步完善可持续发展相关的诉讼程序，并维护程序的公正性；③加大对危害可持续发展行为的审判力度。在建立和健全可持续发展相关方面法律法规的同时，还需要加强相关方面的宣传教育，提高公众的法律意识，增强公众在可持续发展有关法律实施中的监督作用。

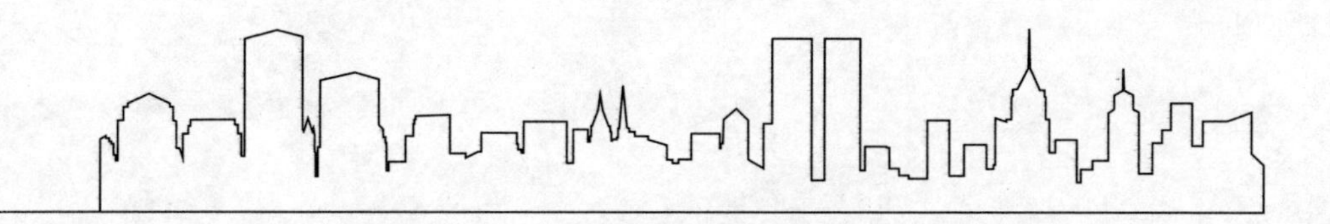

第三章　城市规划布局

第一节　城市空间形态

一、城市空间形态与自然环境关系

自然环境可以促使一些城市的形成，自然状态的改变还关系城市的兴衰，例如河流的疏通改道或者经历风吹日晒等，都会使一个城市面临着衰落。如湖北荆州，之前是一个经济发达的城市，但后来由于长江的淤积，江岸南移，它的经济地位逐渐地被后来居上的沙市代替；又比如四川汶川县城，经历过2008年大地震后，出于对城市安全的考虑，只能移居其他地方来建造新的城市。

在自然情况下，地貌因素的作用既决定着一座城市的发展规模，又制约着一个城市的用地布局和规划构建。兰州南依皋兰山，北依黄河，为“丝绸之路”所经处，黄河渡口不但是水陆两路的枢纽，也决定着兰州城址位置的选择，自十六国至明代七百多年间，兰州都建城在黄河上游。

不同的地理环境和其他环境因素也会对不同的城市所呈现的特色产生直接的作用。以江南的苏州和绍兴为例，其都市风貌与重庆形成了迥异的差别。除此之外，气候、地质、水文和生物等因素，也会对一个城镇的土地利用和空间形态，乃至各种市政工程的施工产生直接的作用，在某种意义上还会对工程的投资效益、工程技术的应用和施工的进度等产生影响。由于地质条件、自然环境的改变而导致的城镇迁徙、起落，在我国的历史上也不是没有发生过。

例如，北京市的规划就与“水环境”的关系十分紧密。先人们之所以选择北京这块风水宝地来建城，并延续了数千年长盛不衰，就与北京所处的特殊的地理位置、环境条件有着很大的关系。北京在历史上是一座名副其实的水城，周围地区泉水涌淌，湿地遍布，曾有东淀、西淀、塌河淀及延芳淀等，号称“九十九淀”；它的西北部有太行、燕山两大山脉组合成“椅子圈”式的天然屏障，阻挡了北边的风沙侵袭，而东南边则沃野千里，北京兼具“前挹九河，后拱万山”“形胜甲天下”的地势，是平治天下、安居乐业和繁衍发展的理想宝地。

但我们也应该看到，在人类征服和改造大自然的过程中，大自然的“报复”也是无情甚至残酷的。城市的宜居性也会因此不断地衰退甚至消亡。例如，位于渭水南岸的汉长安城曾经有8条河流，水草丰美，北有高山，南有沃野。但是城市人口的泛滥使得近800年的长安城污水沉淀、壑底难泄，连基本的引水都成了问题，隋文帝只好废弃旧都，另建新都——大兴城，即隋朝的长安城。

二、城市的布局与形态

（一）城市的生存与发展必须依附于自然环境

早期的城市一般都建在自然条件优越、农业经济发达的地区，比如黄河中下游、尼罗河、恒河等流域。根据统计，现今世界上人口在20万人以上的城市中，有3/4分布在环境条件优越的温带。城市与水的关系最为密切，绝大部分城市都是临河靠水的。世界上早期的古城，大多数位于当时的渡口，如法国巴黎，英国伦敦，我国南京、武汉、北京等。河流的交汇处，更有利于城市的形成与发展，1 400年前的长安城是一个百万人口的世界第一流大城，它处在黄河的大支流渭河与灞河、泾河交汇处。险要的地势、便捷的交通、充沛的水源，使古长安兴盛了1 000多年，成为周秦到隋唐十几个王朝的帝都。

（二）城市布局形态的千姿百态

一个城市的可持续发展，其所选择的生态系统形式，既不能遵循标准的模板，也不能模仿“他山之石”，而是应找到适合自己发展的方法。

在一个现代化的城市里，要想实现高效运转，首先要考虑的就是交通状况。城市的交通系统对其空间结构起着重要作用。在特定的城市中，必须建立相应的交通组织系统。美国著名的建筑学专家汉普列根提出了“支撑体”学说。他在此基础上，提出了一个基于道路、市政设施和街区、建筑群构成的“载体”。所以，如果我们先做好载体，那么我们的都市就一定会有各种各样的形式。这是一个具有革命性和可持续性的城市设计理念。

（三）贯彻“反规划”原则是科学合理布局的首要任务

1. 问题的背景形势

（1）城市土地利用日趋紧张，居民的生存环境不断恶化。“城市化”在全球范围内加速进行着。21 世纪初，全球超过 40% 的人口生活在城市，而在发达国家这个比例超过了 80%。以美国为例，波士顿、华盛顿、纽约三个大城市群，总人口超过 7 000 万；日本东京、名古屋组成了一个大都市圈，几乎占据了整个国家近半数的人口。预计到 21 世纪末，全球将会出现人口超过千万的超大城市 25 座，人口超过 500 万的特大城市 60 座。水泥、沥青、玻璃这些非生态的东西充斥在城市中，使得人们和自然的距离变得越来越遥远。

（2）环境品质显著降低，生态系统的平衡遭到了极大的破坏。在我国历史上，因地理环境的变化而发生的城市迁徙，或因自然环境的变化而发生的城市兴亡，都有很多的先例。早在 2 000 年以前，中国西北存在着一大片水草丰美、风物宜人的地域，这里曾经有过数百座繁华的城市，比如罗布泊附近的楼兰城、西夏的京都统万城，不过随着时间的推移，这里的水源越来越少，风沙也越来越多，今天这里已经变成了一片荒漠。

（3）破坏了固有的自然风貌。城市闹市区的高楼大厦连绵成片，层层叠叠，道路蜿蜒曲折，很多原本极具特点的地方，都受到了明显的损害。比如建筑物自身遭遇了不可见的损害。就像如今的东京只有宫殿和皇家园林，像是一座“孤岛”，其余的遗迹都被现代化的科技和物质文化破坏掉了；法国巴黎市中央那座显眼的蒙帕纳斯大厦，试图和1889年竣工的埃菲尔铁塔一较高低，这是对古城特色的一种损害；德国波恩，一座有着2 000多年历史的古老城市，一栋30多层的国会大楼，坐落在风景优美的莱茵河边，引起了民众的极大不满，政府已经下定决心，以后绝对不能在这里建造更多的高层建筑。

2. 实施“反规则”的意义

城市的规模和建设用地的功能都会随着时间的推移而发生改变，而景观中的河流水系、湿地、历史文化重点保护街区、交通轴线、绿地走廊、林地等要素，则是城市赖以生存和发展不可或缺的基础，是城市永恒的支撑体系。所以，规划的目的不在于设计施工的区域，而是要尽可能地留出非施工土地。

生态基础设施是支撑城市的自然系统和文化系统，是城市及其居民可持续地获取自然服务和文化传承的基础，主要有提供清新空气，提供充足的环境容量，满足对休闲娱乐和体育活动的需求，避灾安全庇护区建设，传统文化教育熏陶，以及满足居民的审美等。所以，生态基础设施并不只是人们所认识到的绿地系统，它更广泛地包括了环境绿地系统、水系湿地、农业系统、历史文化系统以及自然保护地系统。

在工业和矿业城市中，因矿山的开发，往往会产生大量的沉陷区，而这种沉陷区又是城市规划中需要回避的问题。河南鹤壁是一座工业和矿业城市，其巨大的采空区常常影响着整个城镇的整体规划。

国家统计局发布的数据显示，2000年我国城镇化率为36%，而截至2022年末，我国城镇化率上升为65.22%。中国快速的城市化进程中，将会在21世纪里引起深远的反响。所以，如何有效地维护以发展为依托的绿色、水、空气、环境、历史文化街区等历史文化遗产，并采取“反规划”策略，也就是制定禁止建设的特殊规划，就变得尤为紧迫和重要。

3. 警惕作茧自缚式布局的蔓延

城市是人类对自然的利用与改造的结果，然而，在人类对自然的改造过程中，对自然的要求也日益提高。资产阶级政客对城市与环境问题的关心，不但表明城市生活的条件确实受到了很大的影响与损害，而且也表明市民对城市与环境问题的深切关切，以及对能够早日获得满意答案的渴望。

以城市中心为核心的单一中心布局方式，是当前许多城市的通行做法。其结果是“摊大饼”的发展形态，造成中心城区的功能过分叠加，形成建筑密集、交通拥堵、环境恶化，“大城市病”日甚一日。

（四）布局形态的总趋向

随着城市生态环境的不断恶化，其所引发的种种问题也越来越受到社会的重视。因为人类无法摆脱自然的束缚。在城市规划中，如何在不破坏生态环境的前提下，使其更好地发展，是当前国内外城市规划研究的热点问题。如今，各个流派都在探索城市的发展方向，有水下城市，有海上城市，有浮岛城市，也有空中城市。但这些想法都只能在特定的环境下才能实现，只适合个别的城市规划与发展。

通过对过去过度追求形式主义经验和教训的总结，人们逐步意识到“人—城市—环境”本来就是不可分割的三位一体，体现这一新认知的新的规划设计思维——环境设计理论，正逐步替代过去仅仅关注使用功能的老观念。“人居环境与自然环境和谐”“人与自然共生”等理念日益深入人心，随着人们对环保的重视，一座座能够与大自然有机融合的新城市正在迅速崛起。

改造老的空间格局，开辟新的空间格局，已经是一个普遍的潮流。要实现城市空间规划的科学化，就必须在城市与郊区自然环境中维持适当的生态均衡。在规划设计中，应该抛弃“一块大饼”的做法，用更加合理的规划来代替，并尽可能地将自然景观和整个城市有机地结合起来。

第二节　影响城市布局的主要因素

一、产业功能对布局的影响

城市布局与其产业功能的结构有着一定的相关性。不同城市主导产业的构成，往往在一定程度上因合理的占地空间需求而影响着城市的布局规律。

（一）工矿业型城市

工业和矿业的城市规划要根据煤矿的空间分布情况来确定，所以“因矿设市”的城镇规划大都是分散的。在靠近矿井的地方，安置比较基础的居住和基础设施，各个矿井彼此通过公路或者水道相连；在适当的地方，安置城市的服务和行政中心。然而，这种类型的城市因开采而产生的沉陷区域分布广泛，同时也要关注其对地表的城镇建筑活动（除了开垦的矿山外）的冲击。近年来，我国部分工业和矿业过度分散的城市，随着交通环境的不断优化，正在从“大散乱、小集聚”逐渐转变为“大集聚”的发展格局。

（二）制造业型城市

以制造业为主的城市，多以机械制造、化工制造、汽车船舶制造、轻工业制造等为主要行业。制造业通常以一个或多个工业园区的形式分散开来，这就需要具备便利的运输、充足的市政基础设施，邻近仓储和物流中心等有利的外在环境；适宜在市区内的下风处，与市区及居民点之间不仅要保持一段距离，而且要方便交通。

浙江省宁波市以化工、纺织、机械制造、港航交通为主，其规划呈现“市区—北仑—镇海”三足鼎立的格局，以公路和铁路线将三大区域联系在一起。

（三）交通枢纽型城市

在我国，交通枢纽是一种新型的运输方式，它既是一个运输枢纽，又是一个公路、水路和航空枢纽，还可以是一个综合运输枢纽。这一类型的城镇的规划，能满足进出运输、转运衔接、物流仓储、基础服务等各项用地的功能要求，各种用地通常与运输路线特别是场站的分布密切相关。

河南省郑州市位于京广、陇海两大铁路干线交汇点，有61条航空线通达20多个国家（地区）的45个城市，是沟通南北、贯穿东西的要冲。城市的工业企业、仓储转运及铁路站场，都分别沿两大铁路干线呈“X”形布局，而城市的服务中心和居住生活区则均布在铁路客运站两侧。

湖北省武汉市位于中华腹地，承东接西，通南连北，内联9省、东通大洋，公路、铁路、水运、航空各种运输线路在此交汇，有四通八达的交通网络。汉水、长江在此汇合，历来是长江中游最大的物资集散地。由于江河的“Y”形自然分隔，城市由武昌、汉口和汉阳三大部分所组成，俗称“武汉三镇”。武汉已成为内联华中、外通大洋的现代化枢纽城市。

（四）科技经济型城市

科技经济型城市的主体产业园区的布局有五大基本特性：

（1）密集度高，能够减少每一块用地的投入，增加每一块用地的贡献，从而达到“寸土寸金”的目的。

（2）综合兼容性。规划一个综合型的综合体，使具有多种功能的工程相适应，完善生活、服务和休闲等多种配套设施，提升园区的社会化服务水平。

（3）集群成链。在园区中，要把重点放在发展集群化上，这样的规划思路目前被许多国家和地区使用着。在交通运输、生活服务、城市基础设施和信息等方面，要努力走以公共服务为主、以集约经营为主的现代化发展道路。

（4）节地。对现有用地进行最大限度的整合和使用，增加楼层数量，对地下空间进行整体性的发展，并开发出能够适应多种功能的标准建筑物，达到可持续发展的目的。

（5）经营方式的开放性。全球经济的开放性、互动性、整合性是一种工业组织的基本法则，能使园区的高科技发展得到很大的促进，同时也能使园区更快地与世界工业系统相融合，从而使园区始终具有强大的活力。

（五）商业型城市

以商贸流通为主要行业的城市，其商贸流通、货物运输、人员接待和社会服务等都要与之相匹配。传统的商业服务业土地，主要是沿着道路呈条状分布，很多城市都采取了“商业街”的模式。该模式既能满足人们的生活需要，又能满足人们的工作需要，同时又能体现都市商业区的繁荣景象。然而，随着城市的交通流量越来越大，商业的作用和交通流量的矛盾也越来越突出，过于密集的交通流量会对商业区域的活力产生一定的限制，给城市的治安造成很大的威胁。所以，以“商业街”为代表的“商业街区”模式，将越来越多地被人们所接受。

以浙江省义乌市为例，义乌地处浙江省中部，金衢盆地东部，下辖8个乡镇、5个街道。义乌是中国小商品交易的集散地，10年来，“中国小商品城”的交易量一直位居国内首位。以国际商务都市和宜商宜居都市为目标，在整体规划布局上，抛弃了原有的“商业街”的单一形式，强调“中心与组团，轴线与走廊，生态与绿地”的导向与调控，形成多片区的网络化综合空间结构，具有高度的开放性、核心性、互动性，各个分区功能互补，结构合理。

（六）旅游休闲业型城市

在世界范围内，旅游业正在成为一个新兴的、火热的行业，在我国，它已经被确定为国家的支柱产业，从一个旅游大国向一个旅游强国演变，这是一个普遍的趋势。

在旅游城镇的规划与布置上，也有了新的要求与表现，主要表现在以下四个方面：

（1）便利的运输系统，以非本市市民为主要服务对象。因此，便利的外部运输与内部运输是城市发展的重要基础。

（2）丰富的文化意蕴。以文化为主线的旅游休闲活动，不管是历史上的，还是近代的，不管是有形的，还是无形的，都是支持它的依据。

（3）完善的基础设施，服务、接待、康养、娱乐等设施齐全，再加上优质的服务软件，是吸引和保留游客的必要条件。

（4）一种合理的空间布置，使城市的空间布置能够充分地满足以上的功能需求，使之成为一座真正意义上的游憩之城。

二、交通网络对布局的影响

（一）交通对城市空间形态的互动作用

城市交通的骨架不同，会在一定程度上影响城市土地利用的空间布局；反过来，城市的布局结构，又往往与交通构架密不可分。

在全球范围内，各大城市在空间布局形式上表现出了明显的个体差异。其中，以公共交通，尤其是以大流量公共交通为主导的城市，将对土地进行集约使用，形成独特的城市布局空间形态。以丹麦哥本哈根为例，以铁路为依托，以新城为主体，形成了具有特色的“指形廊道”。哥本哈根就是一个以大容量的轨道交通为导向，以其为导向的城市空间开发模式的一个成功范例。以轨道与周围新城的联动发展为主线，在南、西南、西、西北、北 5 个方位上，将城市空间按“指形”发展。在规划中，城市的发展主要集中在轨道交通站周边，而每个轨道站又都是城市居住用地的中心，将所有的重要功能设施用地均布置在站点周边 1 000 m，也就是行车时间不大于 15 min，从而有效地减少了到达市区的交通负荷。

巴西北部城市库里蒂巴，城市用地沿着 5 条快速公交轴线布局，形成海星形城市空间形态，这也是一个世界公认的成功规划实例。

在我国，许多城市也因地形和交通条件不同，而呈现各种布局状态。

（二）城市布局的空间半径

美国规划官员协会（ASPO）在 1951 年提出了一种“等时间线”的概念，认为交通的时空距离不是路程的长短，而是从出发地到目的地所实际花费的交通时间，这就是所谓的“可达性”空间半径，并在规划布局方面，引入了“等时间区”的概念，以这个概念去校核居住区与工作区的相互区位是否合理。

城市空间形式的合理尺度依赖于其所使用的运输方法，所以，各种运输方法将会影响到其空间尺度。通常的原理是，城市的地域范围应小到让该城居民在 1 h 之内从城市的外围抵达中心城市，因而也可以确定，城市的规模不能无限扩张。以交通工具为主的大城市，其交通距离约为 50 km；超大规模的城市超过了这一点，就可以采取“以高速铁路为纽带”的城市集群的形式来处理，比如北京和天津。而以非汽车为主体的城市，则以 8 ～ 12 km 的土地利用范围为适宜范围。

（三）带形城市的可持续发展性

“带形城市”这一提法源自西班牙阿尔图罗·索里亚伊·马塔的一篇关于“带形城市”的文章，在他看来，城市交通是城市发展的第一要务，因此，他认为“同心圆”的城市结构是一种不合理的城市结构，因为这种以城市为中心，以一条直线为中心，向四周扩散开来的城市，将会造成严重的拥堵，严重影响城市的生态环境和发展。他认为，要实现城市大交通量速度快的发展，就需要把大交通量速度快的交通轴向前推进。在这样一种交通方式的高强度集约化驱动下，城市的发展必将呈现出条状的空间形态，条状的城市也可以将城市的文化设备“伸”向乡村，这对于实现城乡融合具有非常重要的作用。在这个原则的指引下，阿尔图罗·索里亚伊·马塔于1882年在西班牙首都的郊外建造了一条长4.8 km的环城带，并于1892年在马德里附近建造了一条铁路，将两个已经建立起来的城市连接起来，形成了一条长约60 km的环城带。

中国城市化发展，不能重蹈欧美发达国家覆辙。第二次世界大战之后，欧洲很多发达国家在进行大范围的城镇改造与扩张时，都采取了“私人车辆第一”等不正确的设计思想，一味地追求小汽车道路、高架路与天桥，这种做法给城市带来的负面效应，直到今天仍未得到根本的改变。

三、自然条件对布局的影响

从一定意义上看，城市是“生长”在所在自然地域的有机体，其布局形态与自然地理环境特别是河川水岸有着密不可分的地缘关系，所谓“择水而居”，正是绝大部分城市选址和布局形态的最重要依托之一。北方平原地区的城市常具有城郭方整、布局严谨的传统风貌；江南水乡的苏州、无锡等城市，山清水秀、河渠纵横，构成了水网地区城市的特殊风貌；重庆是典型的山城，用地不规整，高程差别大，形成一种高低错落、层次丰富的立体轮廓；兰州、延安等河谷地带城市，形成沿河顺川条形发展的特殊平面布局。因此，城市布局不应该局限于某种一成不变的模式，必须因地制宜，才能使城市顺应山水而长盛不衰。

四、旧城与新区的关系

（一）背景与形势

中国正在步入高速发展阶段，很多大城市都需要对其进行市政、交通和居住环境等方面的改造，但如何对其进行维护和更新，不仅是一个迫切的实际问题，同时也是一个很有挑战性的问题。在城市的保护和更新中，常常因为工作思路上的短视和急于完成任务，没有做好对建筑保护性的统筹和安排，导致在执行时，居民对拆迁和搬迁的不合作，乃至抗拒，从而产生了大量的上访，对政府造成了巨大的影响，也是当前的一个社会问题。而机动车的飞速发展以及对城市基础设施的不合理利用，使得一个城市的文化遗产和生活传统受到了空前的冲击。中国大规模的拆迁建设造成了城市的文脉、文化传统、“记忆”的丢失，这一点是众所周知的，也是人们极为关心的问题。

城市必须发展，城市又要保持文化传承与发展的平衡。城市的领导者们试图从各种利益的冲突中去探索这种城市发展的平衡。

（二）遵循的原则

1. 全面继承

历史文化遗存由于沧桑沿革，大多在城市中仅存局部空间，为了彰显历史文脉，根据编制城市总体规划的经验，以北京市为例，在城市布局中对历史文化名城或街区的保护与发展应突出下列 8 个方面：

（1）保护城市传统轴线的空间风貌特色。

（2）保护城郭形态和标志物，并沿城墙遗址或旧址保留一定宽度的绿化带，形成寓意古城旧址的区位。

（3）保护或部分恢复旧城内的历史河湖水系。

（4）保护旧城原有的道路网骨架和街巷格局。

（5）保护旧特有的古城传统建筑形态、组合和色彩特征。

（6）严格控制建筑高度，保持旧城平缓、开阔的固有空间风貌。

（7）保护重要景观视线通廊和街道对景。

（8）保护作为活的历史文物的古树名木。

2. 保护和复兴兼容

城市是在传承历史文化进程中不断发展的，要以动态的思维使城市得到复兴和新生。一般应做到：

（1）确定旧城内合理的功能和容量，疏导不适合在旧城内发展的城市职能和产业，鼓励发展适合旧城传统空间特色的文化事业和现代服务业、旅游产业，完善文化、服务、旅游、特色商业和生活居住等主导功能。

（2）积极疏散旧城内过密的居住人口，复苏传统街区宅院的固有肌理和风貌，并提高居住生活质量。

（3）在规划和建设实践中，强化政府的调控职能，特别注意要严格控制旧城的建设总量和开发强度，减少过度的房地产开发行为，不宜搞超强度建设，把建筑容积率保持在传统街区合理的水平以下。

（4）禁止拆除主干道及毁坏老城区的街巷结构，为老城区的保存及重建而建设及健全全面的运输系统。目前，国内在整体规划中，对于老城区的红线，简单地将其视为整体路网的一部分，且其红线一般都比较宽，既无法从源头上满足老城区的交通需要，又会因为大规模拆迁而造成对老城区的景观、生态等方面的不可逆性的损害。所以，尽快对老城区进行改造，构建老城区的单车出行与行人旅游体系，实行从严的停车管控，并限制泊位供给，就成了复兴老城区的一项迫切任务。

3. 编制好保护规划

编制保护规划是城市总体规划布局的一个重要组成部分，在工作过程中，一定要坚持“保护为主、合理利用、加强管理”的总方针，实现“改变落后现状、适应现代生活、保护传统风貌、延续历史文化、挖掘文化资源、繁荣旅游产业”的全面目的。在这一规划中，要突出四个方面的重点：

（1）对文化遗产和旅游景点的景观和周边环境进行全面保护。

（2）对已确定为“历史文化保护区”的现代建筑进行重点保护。对于已经消失的“文物古迹”，通常不提倡重建，不提倡仿造，也不提倡搬迁，而应把重点放在对其的整理与陈列上。

（3）在制订保护计划时，要注重挖掘和传承都市中的传统文化，尽可能地保留土著居民的生活、生产和活动的环境特征，创造出生动的历史和文化景观。

（4）注重保护人民群众的生活需求。在制定保护规划时，既要考虑城市的经济社会发展需求，又要考虑城市的生产、工作、生活等方面的问题，实现保护与发展的和谐统一。

4. 引入新技术

主动引进现代科技的新技术、新材料和新设备，对旧城区的市政基础设施进行改进，并对其进行研究，探讨出适应于旧城区保护和振兴的新一代的市政基础设施建设方式。尤其应在国家引导下，大力推行节地、一体化的城市排水管道技术与竖向配路技术，使城市土地利用中的公用土地资源得到有效利用，并维持原有的街区空间规模与规模。

第三节　用地布局要领

一、居业平衡

现代城市交通拥堵严重，其中重要的原因是上下班高峰时段内由集中的劳动客流所引起的。这种“潮汐式”或称“钟摆式”的交通压力，使城市交通建设和管理不堪重负，也大幅度地降低了城市运行效率，浪费了巨大的社会资源。而产生这个问题的始作俑者，就是“卧城”型社区的普遍规划建设。

随着新时期城市用地功能的日趋综合化，“去功能化”的理念正在城市规划范畴内逐渐体现，把用地功能简单地“单打一”式地划分割裂，已不适时宜。采用土地使用功能可相互兼容的综合性用地，正成为规划的新理念。运用居住与就业就近安排的规划布局措施，加上城市管理的政策性互动，就可以在很大程度上降低城市劳动人流负荷，达到“居业平衡”的理想境界。

二、突出“宜居”

宜居城市的科学内涵究竟是什么？

“宜居”是一个十分宽泛性的概念，是指具有良好的物质环境和较好的精神环境，它包括良好的生态与自然环境、清洁高效的生产环境和人文社会环境。

三、合理的用地组成比例

城市性质不同，组成城市的五大类不同功能用地也必然有着不同的比例。在规划实践中，必须根据城市的不同性质，按照所在地形条件及地理气象等条件，因地制宜，合理规划，从而提升城市环境质量，提高居民幸福指数。

第四节　城市布局与可持续发展

一、可持续发展是城市必须面对的重要课题

城市是一个不断发育生长的有机体，在对它的布局中，必须重视提供有利于城市合理“生长”的环境支撑和资源支撑，只有如此，城市才能步入可持续发展的康庄大道。本章第二节中提及了城市发展与交通轴线（实际上也是城市用地发展的可能空间）的关系，也是城市在布局方面实现可持续发展的一个重要方面。

城市可持续发展又常常被称为城市可持续性和可持续城市，也是科学发展观在城市规划中的体现。在今后的 10 ～ 20 年内，我国的城市化如果以年均提高一个百分点的速率快速发展，这就意味着每年将有大约 1 500 万人从农村迁入城市；以人均城市用地 100 m^2 计算，每年就要有 1 500 km^2 的土地转化为城镇建设用地。如何顺应这个趋势，保障城市布局合理地发展，由静态的规划布局，转化为动态的布局理念，正是当今规划工作者和管理者必须正视的新课题。

二、中国城市布局必须正视的可持续发展的六大课题

城市布局涉及的六大课题有环境容量、交通负荷、对地下空间的开发与利用、基本建设、灾害的综合防治，以及自然环境。如图 3–1 所示。

图 3–1　城市布局涉及的六大课题

（一）环境容量

随着城市人口密度和规模的不断扩大，都市的密集性问题也日益凸显。

（二）交通负荷

中国的私家车数量以年均 30% 以上的速度增加，导致大、中型城市出现了大量的交通堵塞，使得城市的运营效率下降，运营成本上升。

（三）对地下空间的开发与利用

城市地下空间是珍贵的国土资源，越来越受到人们的关注。在新一轮的城市规划中，立体空间是一个重要的发展方向。

（四）基本建设

为保证城市的可持续发展，在规划与规划中，应留出足够的发展空间。

（五）灾害的综合防治

传染病、地质灾害、恐怖袭击和气候灾害等城市灾害的防控难度加大，由沿海城市向内陆地区扩散；瘟疫、地震、洪水等天灾人祸已成为影响城市生活的主要因素。

（六）自然环境

在我国城市建设中，必须加强对城市自然环境的管理，提高城市的管理水平。

另外，城市的可持续发展也离不开一套现代化“软件”的保障，包括制度上的保障（加强公众参与，发展多元化的社会治理，将可持续发展纳入地方和城市的绩效评价中）、法律上的保障（《中华人民共和国城乡规划法》）、政策上的保障（深入的立法支持）、技术上的保障（加强城市的生态规划技术研究，引入 TOD、BRT 等城市的交通技术），加强对绿色建筑、节能技术的研发与推广等。

三、节约建设用地

在实施城市空间的可持续发展中，进一步节约城市建设用地，通过对土地资源的有效运用和集约的发展模式有着十分重要的支持保障意义。我国总体上城市建设用地紧缺，除了在规划建设中要遏止贪大求“气魄”的浮躁心理和片面追求形象型“政绩”的指导思想之外，合理调整城市各类用地的定额标准，也是刻不容缓的重要举措。

（一）背景

我国政府一直很重视城市建设，积极推进各个城市的土地、能源、环境、水资源等问题的解决方案，节约用地、集约用地、合理用地，推进节约型城市建设。

（二）形势

1. 资源紧缺

城市建设用地的节约与集约，是我国现阶段经济、社会、城镇发展的重大问题，也是关系一个国家长期利益、一个民族的生存之本。

目前，全国已经建立起了一个比较发达的城市体系，已经形成了 685 个建制城市，其中直辖市 4 个，副省级市 15 个，地级市 278 个，县级市 388 个。其中，91 个城市市域人口突破 500 万大关。截至 2023 年，我国的城镇人口将达到 8.56 亿人，占总人口数量的 57.9%。目前，我国一年批准的各类建设用地约有 400 万亩（1 亩 ≈ 667 m²），其中农业用地约 280 万亩，这还不包括大量没有批准的违规用地。中国科学院地质局对全国 145 个大、中型城市进行了调查，结果表明：在全国范围内，大中型城市的建设用地总量增长较快，占耕地比重较大，约为 70.0%，而在西部，已达到 80.9%。如果继续这样下去，10 年后，我国的耕地面积将达到 18 亿亩，许多城市还在想方设法扩大城镇建设用地，这是当前快速城市化进程中面临的一个突出问题。

2. 利用粗放型发展

当前，我国在全国性的城市化浪潮中的空间开发乱象频生，主要体现在以下几方面：

（1）在土地使用上，普遍存在着粗放型的现象，不断地建设大规模的建筑。

（2）荒废、浪费“开发区”很多，“开而不发”现象很普遍，各大城市不论是否符合条件，都争先恐后地兴建开发区，开发区太多、太大，一大批没有条件的开发区使土地荒废得很厉害。

（3）经营粗放，只看表面，不顾土地费用，以小博大，造成了巨大的土地浪费，而土地的粗放经营又进一步加剧了土地的供求矛盾。

3. 管理落后

政策规范落后，从根本上导致了建设用地闲置区的形成；对标准、规范、政策的制定，都存在着一定程度的忽视。因此，在土地使用上，最重要的就是要尽快制定土地使用的标准。当前，部分产业的土地利用水平偏高，土地利用水平落后；与此同时，许多标准只有国家统一的标准，缺乏更具针对性的地方性标准。只有制定符合当地具体情况的节约用地标准，才能根据当地的具体情况，从规划上确保城市土地的合理有效使用，这也是城市土地节约集约利用的科学基础。

（三）节约用地标准研究工作的主要内容

1. 研究节约用地标准

将目前城市建设中需求较大（如居住用地、工业用地等）、矛盾集中的用地（如公共服务、交通设施、市政基础设施用地等）作为主要内容，与城市建设用地标准中存在的问题相匹配，以各地城市总体规划、土地利用总体规划和各专项规划等已经有的工作为基础，通过研究，提出各类用地的节约用地标准。做好节水标准的研究与制定，既可以提升土地利用率，又可以推动科技进步，还可以为城市基础设施、公共服务设施、公共安全设施进行合理配置，进一步改善城市环境。

2. 制定节约土地的管理办法

为了与节约用地标准相结合，并保证其贯彻落实，城市规划的编制者、管理者和决策者应该对节约集约用地的重要性和紧迫性有足够的了解，加强他们对节约集约用地的责任感，根据推动本区域经济、社会、人口、资源和环境的全面协调可持续发展的原则，制定出节约用地的管理条例，对城市建设进行节约用地的规划管理，让节约城市建设用地成为一个普遍遵守的指导方针。

四、城市地下空间的开发利用

城市在用地资源和环境等方面由于急剧的城市化进程，正面临着巨大的挑战。土地的稀缺、交通的拥堵及空间的紧张，使城市，特别是大城市用地的集约化发展，正成为解脱困境的必然出路。城市地下空间的规划对城市各功能区用地，特别是交通设施用地、商业服务设施用地、行政办公用地、休憩设施用地等的总体布局将会产生革命性的变化。

（一）背景

对城市地下空间进行有效开发与利用已成为人们关注的焦点。1991年，在世界范围内首次召开的关于“21 世纪是人类对地下空间进行大开发的世纪”的《东京宣言》中，人们对其进行了深入研究。在意大利都灵召开的“城市地下空间—资源”研讨会上，对其进行了全方位的阐述，并提出了“城市地下空间—资源”的概念。国际上普遍认为，“一座城市的地下空间总规模为其土地使用面积的40%，其合理开发深度为40%”，说明其具有十分丰富的潜力。

（二）趋势

城市地下空间的开发利用与经济发展水平有密切的联系，它一般与人均GDP的水平相关。根据发达国家的经验显示，不同人均GDP水平，对开发利用城市地下空间有不同的理念与实践。一般的规律为：

人均GDP达到500美元——开始出现城市地下空间开发利用的需要；

人均GDP在500～2 000美元——城市地下空间开发利用会得到较广泛的发展；

人均GDP在2 000美元以上——城市地下空间开发利用向统一规划的更高水平发展。

1954～1957年，英、法、德等国人均GDP达到或超过了1 000美元，于是，许多大城市都开始进行了大规模的地下空间开发利用。

2021年我国人均GDP超8万元，折合美元约12 551美元，按照国家统计局初步测算，2021年世界人均GDP约为12 100美元，这意味着我国人均GDP已经超越世界人均GDP水平；2022年，我国GDP升至18.32万亿美元，人均GDP达到1.27万美元。因此，我国在21世纪初，城市，特别是大城市地下空间的开发利用得到了广泛关注并付诸实施，并在2011年之后向更全面而高水平的方向发展。

第五节　低碳生态与城市布局的关系

一、城市规划低碳化的意义

（一）地球大气结构与城市化的关系

60 多万年以来，地球的大气成分中的二氧化碳气体一直保持在正常的浓度范围之内；然而在最近的半个多世纪，随着全球大规模的工业化，以二氧化碳为主体的“温室气体”排放量的急剧增加，已导致气温增高、极端天气与气候事件频发、海平面上升等灾难性后果，对自然生态系统和人类生存环境产生了严重影响。

城市是工业、人口、经济、社会等多个领域的集中地，同时也是能耗和碳排放量的重要来源。根据数据显示，世界上大城市消费了 75% 的能量，排放了 80% 的二氧化碳。在全球低碳行动的大背景下，各国政府也相继提出了自己的低碳策略和行动方案，并在低碳城市的规划、建设和管理方面做了一些初步的探讨。

近百年来，全球变暖和冰雪消融导致全球气温上升，并导致了持续的极端气候事件。

我国目前处于高速发展的城镇化时期，促进节能减排是实现我国城市可持续发展的一个重要方面。随着全球变暖导致海平面升高，同时也威胁着众多城市的可持续发展，特别是滨海城市。如果海平面再升高 15 cm，则将有 20% ～ 30% 的珠江三角洲地区的城市群会被淹没；进入 21 世纪后，长江流域的平均温度也有 1 摄氏度的上升，黄海沿岸有超过 8 亿的人，其气候状况也是非常严重的。

近几年，低碳理念的城市规划已成了规划领域的热点问题。今后衡量“现代国际城市”的标准之一，无疑会是体现低碳排放的生态文明城市，因此我国将在减排方面承担一定的责任。

（二）城市化活动与碳排放的关系

在现代社会中，人们的生活、发展都离不开自然、社会、经济、文化等方面的资源。能源终端利用过程中会产生大量的碳，其主要来源有三个方面，即交通、居民生活和工业。在美国，总的二氧化碳排放量中，有 33% 来自交通，39% 来自建筑，28% 来自工业；可见，在所有的碳排放中，运输和建设占据了 72% 的比重，而这两者又恰好与城市规划有着紧密的联系。

城市居民的数量越多，总的碳排放量就越大。中国东南沿海向中西部逐渐降低的高排放区，以珠江三角洲、长江三角洲及环渤海经济区为代表，而这三个区又是中国城市分布最密集的区域。

保护城市资源与自然生态环境是城市规划、建设的重要任务。为此，生态学家提出了“3R”的理念，即 Reduce（减少资源消耗）、Reuse（增加资源的重复使用）和 Recycle（资源的可再生），它们是向低碳生态城市发展的三个不可缺少的内涵。

（三）城市规划布局与减排的关系

城市的规划和布局与其碳排放之间的联系是紧密的。在这一点上，规划学者们对此进行了研究，结果表明：在某种程度上，随着人口密度的增加，因其运行效率的提高，对降低碳排放也是有利的。高密度的开发方式，可节省许多用地；然而，低密度、扩散型的城市开发格局，使得城市居民更倾向于使用私家车，加大了城市基础设施建设的投入，促进了城市人均住宅用地的扩张，进而导致城市的碳排放大幅上升。

因此，适当地紧凑布局、推广可兼容的用地功能综合化和提高城市公共空间的社会化水平，是城市总体规划布局低碳化的三要素。

（四）中国减排任重道远

我国是世界第二大能源生产国和消费国，温室气体排放量非常大，在世界上正面临着巨大的国际压力。在实践中，规划的严肃性和连续性往往受到各方面的干涉而频繁更迭修改；大量的社会财富被糟蹋，加强了碳排放；在城市规划布局方面，如何深入理论研究和实践探索，尚处于初创阶段。总之要顺应低碳减排的世界形势，可以说任重而道远。

二、发展低碳生态城市的模式

世界上城市化的发展模式大致有三种。

（一）A 模式——美国型（American Model）

这种模式的主要特征是低密度的城市化蔓延式发展，采用以私人轿车为主体的交通运行体制，对化石燃料的深度依赖。A 模式的特点是高排放，是完全以追求利润为目标的发展模式，它进一步加大了生态环境的破坏。该模式是主要以美国为代表的西方发达国家采用的城市化发展模式。

（二）B 模式——遏阻型（Brown Model）

这种模式的主要特征是缩减经济规模，用一种放缓经济增长的方式以缓解对生态造成的危机，从而实现经济社会的可持续发展。该模式的选择对于大多数发展中国家，虽然会冲淡诸如贫困、公平、生存危机一类的基本特征，但实际上可能走向一个更加不可持续的发展道路。这种模式为一些国际组织和专家所推崇，作为宣称的发展中国家城市化进程模式。

（三）C 模式——中国型（Chinese Model）

这种模式主要是从传统的粗放扩张模式转向低碳能源技术、低碳经济发展和低碳社会消费的新型模式。它在坚持“发展”的前提下，充分体现了市场机制的高效，以有序发展的理念，实现低碳减排的目标，达到逐步改善城市发展中面临的生态环境问题的目的。

C模式大力倡导绿色交通、建筑节能和绿色生产，建设低碳社区、低碳家庭，是现今中国城市发展中的一条需要实践和探索的道路，是建设低碳生态城市的方向。

三、城市规划布局与低碳化的关系

（一）做好城市土地利用的生态规划是合理布局城市功能的前提

从生态角度分析研究城市各区块的最佳利用功能，合理利用土地资源，科学布局工业用地、居住用地、公共服务设施用地、农业用地及其他用地，能疏解中心城区过度叠加的城市功能，以减轻城市建设对自然生态系统的不良影响，维系自然生态系统的降解、净化和物质还原能力，为城市发展提供良好的土地资源保障。

（二）构建低碳化的城市交通系统

我们应该改正目前“以车为本”的都市思维范式，并使其真正地回归都市“人”的本质。轿车的平均能源消耗比陆地上的公共汽车和火车要高出5倍。改变传统的交通体系，强调“绿色出行”，突出公交、非机动车、步行等交通工具，以降低交通二氧化碳的排放，降低交通带来的环境污染，发展更多的步行、自行车、公交等交通工具，是降低交通二氧化碳排放量的重要途径，也是城市整体规划中应重视的重点。各类交通方式的顺序应为：以良好的步行环境为先导，其开发和建设要优先于以便利自行车适用为导向的建设，进而提倡以公共交通为导向的开发和建设，最后才是城市的小汽车交通。

城市交通要实现低碳化，就必须改变出行方式，压缩私人汽车作为通勤交通的比例（当然还要有效实施公车改革，这与我国的国情密不可分），增加公共交通，特别是轨道交通的比例，以形成一种合理的出行方式结构。

（三）合理确定街区尺度

目前，在我国大部分城市中，由于受到外在环境的制约，社区规模过大，用地功能单一，交通网络密度过低。构建“低碳生态”的城市，其总体需求是：缩小街区规模，增强土地使用功能的兼容性，提高路网密度，提高交通流的循环效率。在我国新的居住区中，应该大力推行街区制度，原则上不应该再建造封闭的居住区，已经建好的居住区和单位的院落，应该逐渐开放，让里面的道路变成公有的。同时，这也对最大限度地发挥了职住平衡的作用，缩短了工作出行的距离，并对引导发展步行和自行车等绿色交通方式起到了积极的作用，从而进一步降低了能耗和减排的作用。这一点在大型城市尤其如此。

（四）建立物质再生循环体系

在城市的生产、生活、服务等活动中，会产生大量的生活垃圾、建筑垃圾、工业垃圾，这些垃圾要尽量减少因填埋、焚烧、抛弃而造成的所占用的土地资源以及对环境造成的污染。防止城市物质投入与输出的极端失衡，构建“闭合的物质循环体系”，强化与自然生态体系的关系，将废弃物再循环，降低耗材的用量，将城市的人工生态体系与其所依靠的自然生态体系相结合。

在城市中可以使用以下四个低碳循环体系。

（1）天然修复体系：将已被加固的河流还原为天然状态，使城市河流的天然清洁功能得以充分发挥。

（2）降雨回灌回用系统：将降雨资源充分发挥，使降雨回灌保育地下水，或将其直接排放至绿化植物下，构成天然水循环体系。

（3）建立一套绿色的非机动车辆交通框架，并在规划和布置中，充分考虑步行和自行车的便利。

（4）本地绿植体系：开发本地植被，降低维护费用，消除“生物入侵”所造成的冲击，达到本地绿植，并表现本地的绿色文化。

五、我国低碳生态城市建设的路径

我国规划建设低碳城市的理念也在21世纪以来，特别是在联合国气候变化大会（即哥本哈根会议）之后蓬勃兴起的。不少省市纷纷结合节能减排政策，通过公交优先、自行车出行、建筑节能、节能灯照明等措施推广低碳消费和低碳发展理念。这使城市布局，尤其是交通系统的布局产生较大的变革。

同时，很多城市也在努力创建绿色、生态、宜居的城市，山东日照已经制定了“低碳”的发展规划，上海市和保定市正在与世界自然基金会（WWF）共同开展“低碳”的试点工作。

在山东省德州市，有一个5 000多亩的“中国太阳之都”，又被称为“中国太阳谷”。它是太阳能利用的一个重要基地，包含了太阳能热水器、太阳能光伏发电及照明、太阳能与建筑结合、太阳能高温热发电、温屏节能玻璃、太阳能空调、海水淡化等可再生能源应用的众多领域。按照计划，它将建设成“全球可再生能源生产制造中心”“研发测试中心”“科普教育中心”“旅游观光中心”“会展交流中心”。

与此同时，部分城市也在不断优化公共交通服务网络布局，实现居民出行到公共交通站500 m以内的全覆盖。

总体而言，城市建设的目的已经朝着多元化发展。在城市空间形态上，扩散型、分散型（包括传统组团型）将导致居民交通过度依赖小型客车，这不但无法从本质上解决“潮汐式”（也就是通常所说的“钟摆式”）的交通问题，而且对节约土地、节约能源也没有好处，难以持久；而沿交通主干道形成的条带式城市，不仅可以实现低碳发展，还可以创造出较好的生态环境。

六、变革城市布局形态是实施低碳化的保障

（一）发展紧凑型城市

中国城市发展应走紧凑型的道路，是防治城市“摊大饼”式蔓延通病的良方。在规划布局方面必须调整城市增长方式以控制城市的无序扩张，可以制定出一条“城市增长边界”，以扭转当前许多城市跑马圈地、以大取胜的浮躁心态。

（二）实施“绿楔规划”

通过保持和增加森林碳库，将其转化为生物量，同时通过以树木为原料，可以减少化石能源消耗，减少温室气体排放。在此基础上，以“生态走廊”为纽带，构建“生态走廊”，以“生态走廊”为纽带，构建城市“绿楔规划”。

碳库主要指的是森林吸收和储存二氧化碳的容量，也就是森林吸收和储存二氧化碳的能力。城市绿地系统作为城市中重要的碳汇地，在吸收二氧化碳、调节城市气候方面起到了非常重要的作用。绿色空间规划与森林绿化是减少碳排放的重要规划手段。在城市碳库中，林灌区的碳储量约为78%，因此，在城市规划中，采取“绿楔规划”策略，可以极大地提高其碳储量。所以，绿色空间，尤其是森林绿色空间，对于建设低碳城市具有十分重要的意义。

“绿楔规划”以“公交通道”为扩展模式，以公交枢纽为重点，促进公交运输的有序发展，达到“低碳城市”的发展目的。同时，它还根据城市发展的实际需求，在廊道方向上实施分时段的发展。这样的发展方式，既能应对未来不确定的人口增长，又能促进大众运输的发展，同时也能促进城市与农村的和谐发展。我国如包头和遂宁，都有过与之相似的“绿楔规划”。

（三）建成“绿色交通”体系

“现代化都市交通”占主导地位，但同时也是二氧化碳排放的一个重要来源。目前，我国城市约85%的二氧化碳都是由汽车产生的，因此，发展低碳、环保的交通方式是当前城市发展的新趋势。公共交通、自行车和行人是城市交通的三个重要组成部分。在大多数城市，推行快速公交系统（BRT）是一种较为有效的方式。目前，我国城市快巴的运输规模较大，但投入较小，与城市快巴的运输能力相近，但投入不足城市快巴的1/3。同时，由于其在整个过程中使用了“交通信号灯优先”的技术，已成为新的城市交通发展模式。

此外，公交枢纽还能为城市居民提供高效、便捷和安全的出行服务，这也是提升城市公交吸引力的重要原因。以巴西库里蒂巴市的快巴为例，开发综合性的旅客运输枢纽与转接站，规划建设步行与自行车交通街区，是构建低碳生态城市的一个重要内容。

（四）引入“限建区”规划理念

为切实构建低碳生态城市，在总体规划布局中，应该先行确定对城市发展有制约的诸要素，做出禁建、限建的区划。这些要素大体上有八个：水系湿地控制区、山林控制区、基本农田控制区、地上地下历史文化保护区、地质构造断裂带、自然保护区、风景资源保护区、矿产资源保护区及采空塌陷区。

限建区的划定，在指导城市空间的合理布局、兼顾生态与资源的合理利用、防止城市的无序扩张、推动城市的可持续发展方面，都有着十分重要的作用。在规划的指导方针上，不能把城市化的需要和人口的发展预测当作城市空间扩张的基础，而应该把合理的资源承载能力和保持生态环境的平衡当作一个基本条件来安排城市的空间；限建区的设置是低碳城市规划的一个重要内容，应当广泛地应用于整个城市的整体规划。特别是在道路建设方面，要以建设“绿色通道”为重点。

国内一些城市从有利于环境保护和建设低碳生态城市出发，正陆续编制类似的限制性总体规划方案。

低碳生态城市是一个综合性的内涵，它必须以发展低碳经济为导向，以市民的低碳生活理念和模式为特征，以政府管理建设低碳社会的相关法规为指针，城市规划仅是其中一环。因此，现代城市总体规划研究在这方面的积极意义可以归结为：倡导减少碳源、增加碳汇，在发展城市建设的同时，为城市提供生态服务功能。

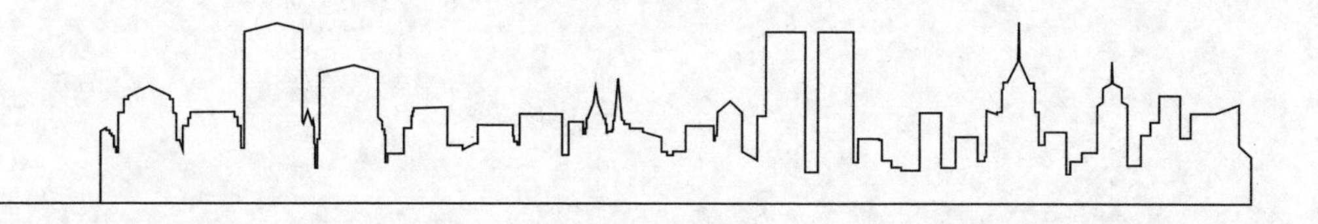

第四章　城市产业的生态规划与构建

第一节　城市产业结构与生态规划的关系

从改革开放开始，我国的城市经济发展就逐渐形成了以城市为纽带、以中心城市为基础的城市产业集群经济格局。在经历了数十年的城市化和工业化发展过程之后，城市的整体实力有了很大的提升，具体表现为城市的综合经济实力不断增强，城市的产业结构不断提升，城市的产业集群已经初步成型。当前，中国的经济发展速度很快，在吸引外资、技术引进等方面，我国做出了很大的成绩。城市化推动了工业化，工业化又推动了城市化向纵深发展。同时，大量的农业转移人口向城市转移，也为城市工业发展提供了充足的人力资源，使得中国城市发展日益凸显其在全球竞争中的突出位置，具有很强的竞争力。近几年来，伴随着信息化、智能化的快速发展，我国工业的升级速度持续加快，高科技工业的比重逐渐提高，工业“含金量”日益提高，工业市场竞争能力日益增强，工业从“中国制造”逐渐过渡到“中国智造”。

我们一方面要认识到，我们的城市工业有着很大的发展空间，有着很好的发展前景；另一方面也要认识到，我们的城市工业在新的时代、新的形势下，所面对的挑战是非常严峻的。这些压力与挑战具体表现在以下四个方面，如图 4–1 所示。

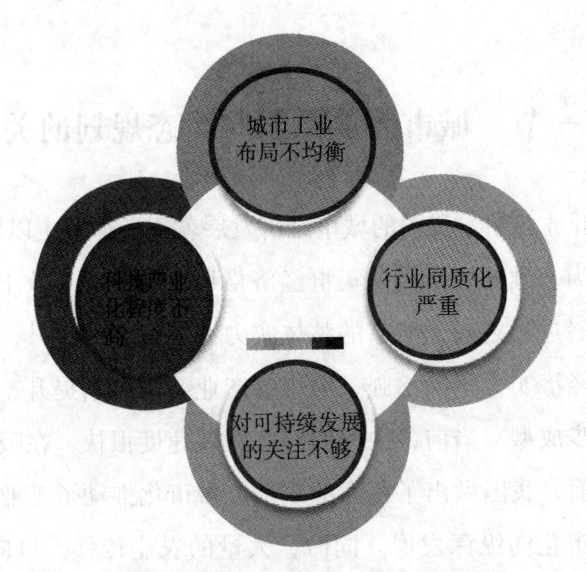

图 4-1 城市工业面对的压力与挑战

（一）城市工业布局不均衡

目前，在城镇工业中，第一产业占很大比例，而第二、三产业，特别是第三产业在城市工业中所占的比例较低。从第二次产业的内部结构来看，轻重工业的比重和传统工业、高新技术工业的比重不协调，传统工业的投资大、消耗大、效率低，高新技术工业的投资小、能耗省、效率高。同时，第三产业的发展也相对滞后。从产值比重方面来观察，当前，经济发达的国家和地区，第三产业所占的比重通常都在 60% 以上。在我国，随着经济的不断发展，以及对国际市场的需求日益强烈，城市的工业结构正处于不断提升的过程中。

（二）科技产业化程度不高

一个国家的高科技工业化程度是其经济实力、竞争力和国防实力的直接体现。近几年来，国家在推动高科技产业化方面做出了很大努力，成绩斐然。然而，就高科技产品在全球高科技行业中所占的比例而言，美国为 19.2%、日本为 11.9%、韩国为 4.1%，而我国只为 1.8%。这说明我国的整体科学技术水平还不高。

（三）行业同质化严重

自改革开放以来，国家对城市的发展政策进行了多次重大的调整，导致了城市的数目和空间规模不断提高，但是，在城市之间，特别是在邻近的城市之间，工业结构的趋同现象日益明显。原来的老牌大城市，大部分的工业都是以传统的制造业为主导的，而在新兴的中小城市，工业的大部分都是从乡镇企业转型而来的。因此，盲目的建设、盲目的投资、重复的建设，造成了各个城市的工业类型和布局的相似性。就拿长江三角洲来说，15 个城市的主要产业是化工原料及制品制造业、电子通信及器材制造业、服装、轻纺业、房地产业、交通运输及器材制造业。从长远来看，产业结构的趋同性并不是一种有效的经济增长方式。

（四）对可持续发展的关注不够

在对 GDP 的过分追逐下，各城市为自身发展而进行的圈地、发展，造成了巨大的土地资源的浪费，而在扩大规模、优化产业结构、提高经济增长率的时候，却忽略了发展过程中的外部性问题。外部性的存在，不但导致了城市资源的市场分配效率的降低，还导致了许多市场失灵的区域，其中最突出的就是不断加剧的环境污染。除此之外，高耗企业对能源、原材料的消耗也在快速增长，但是它们的有效利用效率却非常低下，这就给城市的发展带来了巨大的资源和环境压力，导致了城市的工业发展的后劲不足，很难实现可持续发展。

从城市经济学的角度来看，我国城镇化的产生和发展主要是由三种动力所驱动，即农业发展、工业化、第三产业的兴起。城镇化的本质是生产力转型导致的城乡人口等经济要素的迁移，在生产方式上体现为一种大范围的产业结构调整。城镇化首先指的是一种产业结构从以第一产业为主逐渐向以第二、三产业为主的过程，当第二、三产业在整个国民经济组成中所占的比重较高时，其发展的程度也就较高。在这种背景下，加快发展以服务为主导的第三产业已成为一个重要的发展方向。

通过对产业结构的调整与优化，使产业具有更强的活力，从而使其更具竞争力。所谓的产业集聚，就是在一定的地区，将几个主要的、与之相适应的上下游企业进行高度的聚集，从而构成了一种新型的产业组织。从实质上讲，城市是一种空间集聚的经济，既有同种企业的集聚，又有多种类型企业的集聚。城市化是指多种工业的集聚，它能使城市的基础设施建设和公共服务资源共享等方面产生效益。从国际和国内的经济发展情况来看，不管是在传统行业，还是在高新技术行业，都有一些成功的产业集群。我国在快速发展的过程中，工业企业在城市中的聚集也越来越明显。相对于传统的分散型的产业组织，集聚的最大优点在于充分利用了企业间的聚集效应、协同效应和区位效应，使得集群内的企业拥有更强的竞争优势，从而提高了其产业的竞争力。由于产业集聚指的是在相同产业中，大量企业在地理上的集中，因此可以快速形成区域规模经济效应，对降低成本、提升专业化水平有所帮助，从而推动区域经济的发展。大城市中，集群的正效应表现得更加明显。随着工业集群在周围区域的发展，它将成为一个城市，并且它的城市化水平将迅速提高。由于其周围区域的城市化程度不断提升，在相邻的几个城市之间，由于同样的工业布局，这些城市之间将相互连接，从而构成了一个大都会。城市群的形成，反过来推动了城市的发展。

第二节　城市产业的生态规划方法

一、城市产业生态规划方法

城市产业生态规划方法一般可分为五类：①面向产品环境管理的方法，即生命周期评价；②面向绿色产品开发的方法，即产品生态设计；③面向区域的规划方法，即生态产业园规划；④面向生态产业开发的方法，即生态产业孵化；⑤面向可持续发展的生态管理。在产业生态规划的发展历程中，生命周期评价和 ISO 14000 国际环境管理标准作为核心方法和国际重要标准，具有里程碑式的重要意义。

1. 生命周期评估（Life Cycle Assessment，LCA）

生命周期评价是一个目标过程，其目的是评估涉及产品、生产或者鉴别能源和资源使用及环境释放活动的环境负荷，从而评估能源和资源的利用、释放对环境所造成的影响，并评估和提供改善环境的机会。评估涵盖了一个产品的整个寿命周期，涵盖了从精炼原料、制造、运输、销售，使用（或重新使用及维修），到循环利用及最终处理的整个流程。由以上的定义可以看出，对环境和产品的 LCA 并不限于工业生产的各个环节，而是将其应用到了生产、流通、消费和资源循环四个环节。

对环境的亲和性、产品的耐久性、资源的可循环利用、功能的灵活性、能源的节约性是 LCA 的优点。所以，LCA 可以被认为是在生产和使用过程中对产品进行最少的浪费，从而减少对环境的影响。同时，通过对其进行高度的生物性加工，达到“产品生态性”的目的，从而达到人与产品与自然环境的协调。

2.ISO 14000 国际环境管理体系

国际标准化组织（ISO）是当前全球最大的民间标准和最大的国际科技组织。ISO 14000 作为一套环境管理标准，包括了环境管理体系、环境审计、环境标志、生命周期评估、环境行为评价及产品中的环境因素等国际环境管理领域的研究与实践的热点问题。ISO 14000系列标准的核心是管理体系标准（ISO 14001 ～ 14009)，在这些标准之中，ISO 14001是最关键的一个，因为ISO 14001是企业构建环境管理体系以及审核认证的准则，它是后续一系列标准的基础。

二、城市产业生态规划方法的创新

城市产业生态规划是一个城市发展创新的基础。首先，它强调经济与生态的平衡可持续发展；其次，它意味着一种规划方式的转变，即从传统的线性规划转向非线性规划（又称循环经济模式）；再次，生态规划强调整体性和系统性，要求生态系统内的各组成部分之间相互联系、相互依存、互利共生，谋求社会经济系统和自然生态系统协调、稳定和持续的发展。与传统规划模式相比，产业生态规划具有以下两个方面的创新。

1. 对工业剩余物质的规划为预防规划

在传统产业中，对废弃物的处理属于管制式处理，而“末端处理”则属于管制式处理。实行管治式的治理，不能从根本上解决资源的使用问题，也不能使生态效益得到改善。而工业预防规划模式，就是将工业废料的生产源作为目标，利用对生产流程进行科学的规划，对生产资源和技术进行深度利用，从而提升生产工艺，力争让生产过程中产生的剩余物质可以持续地被重复利用（可以被不同的生产过程或在不同的生产阶段进行重复利用）。一方面，可以防止废物从工业中被淘汰，从而降低废物对环境的污染；另一方面，提高了资源的使用效率，从而减少了对自然资源的消耗，最终达到了资源有限循环和环境持续发展的双重目标。

与排放相比，企业防范规划模型更注重改善产生排放工艺的生产效率。企业预防就是一种流程管理。该工艺是对一个工艺过程进行全面的、系统的集成，可以有效地提高资源的利用率，降低废品的危害性。

2. 变单一化、封闭式的传统产业规划为在产业共生基础上的生态系统规划

因为对工业的专业化、区域化、企业产品的单一化，在产品的生产周期上，过于追求规模的经济效益，从而造成了不同地区的产业结构的趋同，产业布局的集中，就造成了当地的生态环境的超负荷运转，资源的过度开发和浪费，以及大量的工业废弃物的集中排放，造成了严重的环境污染。但是，城市生态产业规划强调的是系统的开放性和相对封闭性，它不但要频繁地引入和吸收周围环境的先进技术、人才、新材料、新能源等，还需要系统内的人流、物流、价值流和能量流，它们要在整个工业生态系统中，按照多种工艺路线进行合理的流动，并以互联的方式进行物质、能量转换。

第三节　城市工业的生态规划与构建

一、城市工业生态规划中的清洁生产审核

（一）清洁生产审核的定义

清洁生产审核是支持和帮助企业有效开展清洁生产活动的工具和手段，也是企业实施清洁生产的基础。

在《中华人民共和国清洁生产促进法释义》中，“清洁生产审核”又

称为“清洁生产审计”。它是一种对产品流程进行系统化的分析与评估的方法；它是指通过对一家公司（工厂）的具体生产工艺、设备和操作展开诊断，找到导致能耗高、污染高的原因，并对废物的种类、数量以及产生原因进行详细的数据分析，并提出怎样降低有毒和有害物质的使用、产生以及废物产生的方案，在对备选方案的技术经济及环境可行性分析之后，选出可供实施的清洁生产方案的分析过程。

《清洁生产审核暂行办法》第二条中明确指出：“本办法所称清洁生产审核，是指按照一定程序，对生产和服务过程进行调查和诊断，找出能耗高、物耗高、污染重的原因，提出减少有毒有害物料的使用、产生，降低能耗、物耗以及废物产生的方案，进而选定技术经济及环境可行的清洁生产方案的过程。”

（二）清洁生产审核遵循的原则

1. 以企业为主体的原则

清洁生产审核的对象是企业，即对企业生产全过程的每个环节、每道工序可能产生的污染物进行定量的监测和分析，找出高物耗、高能耗、高污染的原因，有的放矢地提出对策，制定切实可行的方案，防止和减少污染的产生。清洁生产审核可以帮助企业找出按照一般方法难以发现或者容易忽视的问题，通过解决这些问题常常会使企业获得经济效益和环境效益，帮助企业树立良好的社会形象，进而提高企业的竞争力，清洁生产审核的所有工作都是围绕企业来进行的，离开了企业，所有工作都无法开展。

2. 自愿审核与强制性审核相结合的原则

在《中华人民共和国清洁生产促进法》中，更多的是以指导、自愿为原则，而不是以强制为原则。在此基础上，为加速实施清洁生产，应该鼓励各公司进行清洁生产审计。

对那些污染严重、可能对环境造成极大危害的企业，也就是污染物排放超过了国家和地方规定的排放标准，或者超过了经相关地方人民政府审定的污染物排放总量控制指标的企业，以及使用有毒、有害原料进行生产，或者在生产中排放有毒、有害物质的企业，都应该依法强制执行清洁生产审核。

3. 企业自主审核与外部协助审核相结合的原则

企业的优势是对自身的产品、原料、生产工艺、技术、资源能源利用效率、污染物排放以及内部管理状况较为了解。所以，只要掌握了清洁生产审计的方法和流程，企业就能够进行全部或部分的清洁生产审计，特别是对实力较强的大型企业，它们能够独立进行清洁生产审计。但是，也有一些企业不了解清洁生产审核方法，不清楚自身与国内外先进技术水平的差距，不能掌握相关的清洁生产技术，尤其是一些中小企业，因为受到人员、技术等因素的制约，很难独立地进行清洁生产审核工作。在这样的环境下，在进行清洁生产审计的时候，企业就必须要有来自企业之外的专业人士对其进行指导和激励。所以，应该贯彻企业自主审核与外部协助审核相结合的原则，来进行清洁生产审计。

4. 因地制宜、注重实效、逐步开展的原则

我国地域辽阔，企业众多，各地区经济发展很不均衡，不同地区、不同行业的企业工艺技术、资源消耗、污染物排放情况千差万别，在实施清洁生产审核时应结合本地的实际情况，因地制宜地开展工作。此外，我国全面开展清洁生产审核的工作刚刚起步，作为企业实施清洁生产的一种主要技术方法，只有帮助企业找到切实可行的清洁生产方案，企业实施相应的方案后才能够取得实实在在的效益，才能引导企业将开展清洁生产审核作为自觉行为。

（三）清洁生产审核的思路

“三个层次，八个方面”是清洁生产审计的基本思想。三个层次，即为判明高能耗、高消耗、高浪费产生的位置，分析产生的原因，并制定降低或消除浪费、提高资源利用率的方案；八个方面，即原料（包括能源）、生产过程、生产设备、过程控制、管理体系、人员技能、产品、废物。

简单来说，在实施清洁生产审计时，应按照如下思路进行：首先，要明确垃圾在什么地方产生，可以通过实地调研和物质平衡，找到垃圾的产生位置，并确定垃圾的产生量；其次，对废弃物的成因进行了剖析，并对整个生产过程中的各个环节进行了详细的分析；最后，在此基础上根据不同类型垃圾的成因，提出了不同类型垃圾的处理方法。

二、城市工业生态规划中的生命周期评价

产品在其全生命周期中，也就是从原材料开采和加工、产品制造、运输、销售、使用以及用后废弃、处理、处置的全过程都会对环境造成一定的影响，因此，要对其进行评价，就必须要有一套系统的方法和工具。生命周期评价就是其中的一种方法和工具，是一种利用系统的观点，对产品的全寿命周期中的每个阶段的环境影响展开跟踪、识别、定量分析与定性的评估，以获取与产品有关的信息的整体状况，为产品的环境性能的改进提供完整、准确的信息。

1. 目的定义和范围界定

在生命周期评价中，要先确定产品分析和评价的目的与范围、产品寿命周期的每一个阶段，对其进行分析和评估，这些都起着非常重要的作用。

目的的定义和范围界定的重要意义：它决定了为什么要做一个特定的寿命周期评估，并且说明了要研究的体系和数据类型、研究的目的、

研究范围、应用目的，以及研究的地域广度、时间跨度和所需要的数据的品质。

2. 清单分析

清单分析是指根据已有的研究目标，对生产系统的输入清单和输出清单进行分析的过程。在所定义的产品体系中，对产品、工艺或活动在其全寿命周期中所消耗的原材料（自然资源）、能源以及向环境的排放（包括废气、废水、固体废物及其他环境释放物），以物质平衡和能量平衡为基础，对数据进行调查、获取数据，并对数据进行定量分析，这一过程就是清单分析。在列表分析中，必须将全部的产品视为一个完整的体系，即产品生命周期体系。在一个企业中，企业的生产活动处于一个系统的范围之内。当系统的边界被界定后，系统的单元过程、系统的投入产出等也被界定。

3. 影响评价

影响评估指的是对在清单分析阶段所识别的环境影响展开一种量化或定性的表征评估，也就是确定产品系统的物质、能量交换对其外部环境产生的影响，其中包括对生态系统、人体健康以及其他方面的影响。由于一个产品的整个寿命周期所造成的环境影响可以是多种多样的，但是也不是每一种都很重要，所以在进行 EIA 前，一定要确定将要纳入评估的 EIA 类型。影响类别的确定、环境影响类别的划分与环境保护目标之间存在着紧密的联系，从保护目标的角度来看，环境影响类别可以分为资源消耗、人体健康以及生态系统健康等，而从发生作用的空间尺度来看，环境影响分为全球性影响、区域性影响和局域性影响。

4. 解释阶段

解释阶段指的就是将清单分析和影响评估的结果展开全面的整合，用一种系统的方法来分析结果，解释局限性，形成结论，进而得到符合定义目的和范围的认知结果，并对其提出一些建议，进行报告，同时尽可能地提供一种易于理解的、完整的和一致的对其进行分析的研究结果说明。

通常情况下，这个阶段主要是以在清单分析过程中得到的与产品相关的各种数据以及在影响评价中得到的信息为基础，对产品、工艺和活动整个生命周期中的削减能源消耗、原材料使用以及环境排放的需求与机遇进行系统的评价，找出产品存在的弱点，有针对性地进行改进和创新，为设计和生产更好的清洁产品提供基础和改进措施；并在此基础上，对同类产品进行质量评定，为今后的评定工作提供一种可靠的参照。

生活史解释具有系统性和可重复性的特征。按照ISO 14043标准，LC过程中的LC过程由3个要素组成，即识别要素、评估要素和报告要素。识别则是在评估过程中，根据评估结果对重要问题进行辨识；评估的重点是在全寿命周期的评估中，检验其完整性、敏感性和一致性；该报告的主要作用是对符合本研究目标与范畴中所列申请条件的总结、评论。

三、城市工业生态规划中的环境认证体系

（一）ISO 14000环境管理体系

ISO 14000是国际标准化组织继ISO 9000系列标准后推出的一套环境管理系列标准。ISO 14000系列环境管理体系标准集近年来世界环境管理领域的最新经验与实践于一体，包括环境管理体系（EMS）、环境审计（EA）、生命周期评价（LCA）和环境标志（EL）等各方面国际标准的标准序列。

越来越多的环境学家认为，任何一个企业要想有效地保证该企业及产品的环境行为持续满足环境标准的要求，都必须根据本企业的具体情况建立环境管理体系，当一个企业具有一个良好的环境管理体系并很好地运行时，该企业的环境行为才最佳，才能达到清洁生产的目标，达到

保护环境的目的。

1. ISO 14000 的框架结构

ISO 14000 并不规定具体的操作方法或企业必须遵守的、数字化的或其他形式的性能标准，它的宗旨是为企业提供一个有效的环境管理体系基础，从而帮助企业达到其环境目标和经济目标。其目的是指导各类组织（企业、公司）取得正确的环境行为，但不包括制定污染物试验方法标准、污染物及污水极限值标准和产品标准等。该标准不仅适用于制造业和加工业，而且适用于建筑、运输、废弃物管理、维修及咨询等服务业。

2. ISO 14000 的基本特点

ISO 14000 环境管理系列标准同以往的环境排放标准和产品技术标准有很大的不同，具有如下几个基本特点。

（1）以市场驱动为前提。近年来，全球民众环保意识日益增强，对环保问题的重视程度空前高涨，“绿色消费”趋势推动着公司在其产品研发过程中更加注重环保的理念。因为有很大一部分的环境污染都是因为经营不当所致，所以重视经营就是一种很好的方法，这就促使了企业对自己的环境经营进行全方位的改善。ISO 14000 系列标准，一方面是为了满足各种组织对环境的要求，另一方面也是为了让社会大众能够更好地了解这些组织的活动、产品和服务所包含的环境信息。

（2）突出对污染的防治。对污染的防治是从“末端控制”向“污染预防”转变的国际环保潮流。ISO 14000 着重于对组织的产品、活动、服务中存在的或可能存在的环境因素进行管理，并构建出一套严谨的运行控制流程，确保企业的环境目标得以实现。而在生命周期分析和环境行为评价中，可以将环境因素融入产品的初始设计阶段以及企业活动的规划中，帮助人们做出正确的决定，从而防止环境污染的发生。

（3）可操作性好。可操作性好的 ISO 14000 系列标准是可持续发展的策略理念，是对国际上的先进的环境管理经验的精炼与凝练，并转换成标准化的、可操作的管理工具与方法。

（4）适用范围广。ISO 14000 系列标准适用范围包括：在产品和包装的设计和研发中，在产品和包装上使用寿命周期评估法，在绿色产品上都适用。通过对环境行为的评估，可以帮助公司做出对环境有利的、对市场风险最少的、对公司有利的决策；而环境标志可以提高企业的公共关系，树立企业的环境形象，推动市场开拓；但是，环境管理体系标准却深入企业的深层管理之中，它可以直接作用于现场操作与控制，对员工的职责与分工进行明确规定，从而可以全面提升其环境意识。所以，ISO 14000 系列标准是一个完整的、全面的、系统的、整体的标准。

（5）突出了“自愿性”的原则。ISO 14000 系列标准是以“自愿性”为基础的标准，因此，国际标准并不等于各国的法律、法规，它不能强迫一个机构去执行，企业可以依据自身的经济和技术条件进行自主选择。

（二）中国环境标志认证

1. 中国环境标志认证定义

中国环境标志（简称“十环”）认证，是指其在生产、使用及处理等环节均达到规定的环保标准，相对于其他同类产品而言，其环保性能更好、更安全、更环保。近年来，在《国务院关于加快发展循环经济的若干意见》《国务院关于落实科学发展观加强环境保护的决定》《国务院关于印发节能减排综合性工作方案的通知》等文件中，均明确提出了“鼓励绿色标识”“提倡绿色”的理念，并提出了“绿色标识”的概念，并以此为依据，提出了“以绿色标识为核心，以绿色为核心”的新理念。中国环境标志已与澳大利亚、韩国、日本、新西兰、德国、泰国等多个国家签署了相互认可的合作协议，中国环境标志也已正式加入全球环境标志网络（GEN），全球环境产品声明网（GED），跻身于世界环境标志组织的行列。

2. 中国环境标志认证方法

绿色标志产品的认证，就是对其所具有的环境特征进行验证。它与产品质量认证的区别在于：产品质量认证是确认产品的品质和企业的品质体系是否达到一定的品质标准；而对于环境标志产品来说，它指的是对产品的环境行为和企业的环境系统是否符合某种环境标准的认定。与此同时，它也是一种市场经济手段，因此它最大的卖点就是它的“自愿性”。环境标志产品认证的内容主要包括产品检测、企业环境管理体系的检查与评价、监督检验和监督检查与年检四个方面。其中，前两个因素为获得认证资格和获得环境标志所必需的两个因素，后两个因素为认证后的监管手段。

四、城市工业生态规划中的节能减排管理

管理是企业发展乃至国家社会发展永恒的主题，节能减排也要向管理要效益。加强节能减排管理，要从法律、政策、经济机制、区域、企业、政府等多个层面采取综合措施。

1. 加快节能减排相关法制建设，加强执法监督

目前，节能执法主体不明确，环保部门缺乏强制执行权，虽然《中华人民共和国能源法》《中华人民共和国环境保护法》和《中华人民共和国循环经济法》等相关法律、法规都已经发布实施，但配套的法规体系尚不健全，作为立法机构的人民代表大会应加强立法和监督力度，推动节能减排方面配套的法律、法规尽快出台，解决法律不完善的问题。

2. 完善促进节能减排的政策体系

（1）要进一步健全资源要素的价格形成机制，使资源要素和最终产品之间的比价关系逐渐明晰。积极调整水、热、电、气等的定价，推动合理开发，节约使用，高效利用，有效保护。

（2）要通过市场机制对土地进行有效的调节，以达到提高土地利用

效率的目的。制定支持发展循环经济、创建节约型社会的税收、费用等方面的政策；加快研究制定节能节水和减免税产品的相关政策，出台财税政策，鼓励开发节能型汽车，加快淘汰“黄标车”和其他耗能较大的汽车；持续改进对资源综合利用的税费优惠政策，对资源类产品的进口和出口进行税费改革。

（3）要加强政府对能源的节约和对机关事业单位的能源改革。对自然资源进行会计处理，健全水资源、矿产资源和其他自然资源的补偿机制。

（4）要健全企业的生态修复责任体系。对一些节约资源、发展循环经济的重大工程项目和技术开发、产业化示范项目，政府要提供直接投资或资金补助、贷款贴息等支持，充分发挥政府投资对社会投资的导向作用。

3. 促进节能减排体制、机制创新

实施能效标识管理，引导用户和消费者购买节能型产品，促进企业加快高效节能产品的研发。推行合同能源管理，为企业实施节能改造提供诊断、设计、融资、改造、运行、管理等一条龙服务。同时，建立节能投资担保机制，为合同能源管理提供担保，促进节能技术服务体系的发展。要推广节能的新机制，如节能自愿协议。建立信息发布制度，利用现代信息传播技术，及时发布国内外各类资源的节约信息，引导企业挖潜

4. 构建资源节约型、环境友好型的城镇化模式

城市化的发展，要从自然资源的角度出发，对土地、水资源、能源等重要资源进行合理的利用。要对建设用地进行严格的控制，对耕地进行积极的保护，对单位住房的面积进行进一步的提升，对建筑结构进行改善，增加可使用的空间，对地下空间进行充分利用，对居住区域内的绿化用地进行合理分配，并对土地的使用功能进行适当搭配。对城市的

交通运输网络进行科学的规划，并以公交为重点，构建一个完整的立体交通运输网络。加快建设能源节约型建筑，推动新建材的广泛使用，促进建筑废弃物的资源化；对新建成的建筑物，应一次性进行装饰，严禁二次装饰。要大力发展城镇集中供暖，具备条件的要大力发展分散供暖；在城市规划中，应注意水资源开发利用和补充的均衡和给水、排水系统的节水型效益；在居住区的建筑中，要与雨水和生活污水的收集和处理回用设施相配套，并加强对再生水的使用，实行分质的供水。要根据当地实际情况，制定可持续发展的可循环利用制度。

5. 企业层面要建立严格的节能减排管理制度

我国工业锅炉效能的全国平均水平是 40% ～ 60%，而工业锅炉出厂的效率至少是 80%，相差这么多的原因主要是管理不善，因此企业建立严格的节能管理制度十分重要。同时，企业要以推行清洁生产为重点，促进节能降耗和减污增效。要积极推行 ISO 14000 环境管理体系标准，逐步建立比较完善的清洁生产管理体制。在重点地区、重点行业、重点企业中大力推广应用清洁生产的先进技术，扶持发展一批工艺先进、消耗低、效益好的清洁生产项目。

6. 政府机构应发挥节能减排主导作用

我国的政府机关在有些管理上浪费了大量的资源和能源，目前，政府的管理和管理成本已经达到了 37%，而美国则是 14%，节省的空间差距是很大的。我们应该提倡公务员、企业家节约用水、节约用电。只有在较高的节俭意识中，才能把节俭观念贯彻到工作中，节俭才能收到实效；也唯有由政府领导，才能在全社会中营造出一个良好的环境，推动节约型社会的建立。要切实履行政府监督责任，起到引导的作用，把节能减排目标的实现纳入地方经济和社会发展的全面评估中去，把它列入对地方党政领导干部的全面考评、对企业主要负责人的绩效考评中，对其实施问责制度、“一票否决”制度。要加速构建并健全节能减排工作的评价、考核制度，实行单位生产总值的能源消耗和重要污染物排放总量的公告制度，定期将自己所管辖区域的节能减排主要指数向社会公开，并接受社会的监督。要加强企业的节能减排工作，严格执行各项目标。对不达标的地方、企业及相关人员，要采取“区域限批”“重罚”“限制提拔”等多种手段，对不达标的地方、企业及相关人员进行严厉的惩罚。

五、城市工业生态规划中的生态工业园区的管理

生态工业园区的管理应该是行政管理及经济、技术等多种管理方式的综合运用，最终形成由管理机构为框架，法律、法规为指导，管理制度为主体，多种管理手段并存的具有自身特色的综合管理体系。通过园区、企业和产品不同层次的管理框架体系的设计和实施，强化生态工业园区的环境管理，树立生态工业园区的良好环境形象，为工业生态系统的持续运转提供基础保障。针对不同层次的生态管理对象，分别设定其管理目标，同时选择采用不同的生态管理方法。

（一）园区生态规划

从公园层面来看，公园的环境规划策略与方法有公园环境管理系统 ISO 14000、绿色基础设施建设、垃圾交换制度、地区级紧急事故意识和准备（APELL）项目，以及公园公布等。

1. 在园区内实施 ISO 14000 环境管理系统

公园管理机构要在环境保护法律、法规的指导下，把 ISO 14000 系列标准作为指导方针，把区域环境综合整治作为基础，把构建一个经济快速发展、资源利用合理、生态良性循环、环境质量好、优美洁净的绿色园区作为目的，与本地环境保护工作的实际相结合，大力推进清洁生产和全过程控制，实现环境、经济与社会的可持续发展。

2. 绿色基建

园林绿化的基础设施是园林绿化的重要组成部分，也是园林绿化的

主要内容之一。园区的绿色基础设施，主要指的是对园区及其内部企业进行支持的设施，具体内容有能源的生产和供应、交通、供水、污水处理、照明、建筑和通信。在建设园区的时候，要遵循环境友好的原则，选择新型的绿色建筑材料，营造出一个优美、干净、宁静、舒适、和谐的环境，让它能够更好地为园区及园区内的各大企业提供各种服务，并可以通过减少水的消耗，提高工业废水和固体废弃物的再利用，提高能源效率，从而降低基础建设设施的费用。

3. APELL 计划

构建地区级紧急事故意识和准备（APELL）体系，目的是为了增强公众对恶性环境污染事故的认知，并制定相应的应急预案，应对由工业事故引起的环境突发事件，从而保障区域内人们的生命健康，降低他们的财产损失，并对生态环境进行保护。“安全环保工程”的会员通常包括地方政府、安全隐患企业、公园三方面的负责人，以及公园市民的代表。同时，地方政府的消防、公安、军队、医疗、急救、环保、交通、红十字会、通信等部门也将加入紧急救援行动中，并担负起相应的职责。

4. 园区生态公告计划

为了使园内的企业更好地管理环境，提升企业形象，提升其在市场上的竞争力，可在园内设立一项环保公示制。园区的生态环境信息发布规划可分为两级：一级为园区内的环境信息发布；另一级是企业的生态行为，包括企业的污染物排放、企业的生态形象、产品的绿色标识等。另外则是公园生态宣传方案的焦点所在。

5. 废品交换制

在此基础上，通过构建区域垃圾交易网络，实现对垃圾的再利用、循环、再利用、产品销售、垃圾的最终再利用等多种形式，实现垃圾的有效利用。它可以发布本地区企业的副产物和废弃物的产生，以及对原料的需要，为园区内外以及企业之间的废弃物的交流提供一个网上的虚拟平台。园区可依据自身情况，以垃圾互换制度为基础，设立垃圾处置中心。

（二）企业生态管理

企业生态管理是园区次一级的生态管理，它可以采取多种方法，例如建设项目环境影响评价、企业 ISO 14000 环境管理体系认证、清洁生产、环境会计与审计等。这些方法从不同的角度出发，对于加强企业的生态管理、引导企业生态行为起到了积极的作用。

1. 建设项目环境影响评价

项目审批时，要执行环境影响评价制度，对建设项目的选址、污染物排放、生态破坏等进行评估，并提出相应的对策及措施。入园企业对厂址选择都有一些行业技术要求，通过对建设项目的环境影响评价可合理地确定厂址。

2. 企业 ISO 14000 环境管理体系认证

公司创建环境治理系统，旨在降低公司在生产经营活动中对环境的危害，实现资源节约，改善环境质量，提升公司的环境治理水平，增强公司的整体竞争力。而 ISO 14000 系列认证则为强化企业的环保管理提供了一条行之有效的途径。由公司主管部门负责，对公司的环境管理系统进行管理性评估，判定其是否符合 ISO 140001 的要求，并指出公司未来发展的新方向。以达成公司设定的环境治理目标，并达成持续改善协议。

3. 清洁生产

清洁生产是将污染预防战略持续应用于生产的全过程中，通过不断地改善管理和改进工艺以及采用先进的技术，提高资源利用率，减少污染物的产生和排放，以降低对环境和人类的危害。企业通过实施清洁生产，实现企业内部物耗、能耗的削减，减少有毒、有害化学材料的使用以及减少废弃物和污染物的产生，提高资源回收利用率。

4. 环境会计与审计

（1）环境会计制度的确立，有利于公司对环境费用进行有效的管理，制定公司的运营策略，以及对产品和制造环节的费用进行准确核算。以下我们从两个方面对环境会计进行了研究：①对环境费用的确认和会计处理。企业可能产生的环境费用主要有环境治理费用、环境保护费用、相关科研与发展费用、与环境管理有关的业务费用、由于企业违法而支付的罚款和赔偿费用等。②对企业的环保投资和环保业绩进行评价。环境投资评价就是将环境要素纳入企业的投资决策之中，并对其所涉及的环保问题进行经济和社会评价。环境表现评价是指在评价过程中，对环境表现进行评价，并将其纳入评价体系的过程。

（2）环境稽核是稽核机关或稽核人员对所稽核的所有与环境相关的经济活动的真实性、合法性和有效性等，进行一种独立、客观的系统性监管活动，主要确定其对环境的监管职责，对其进行评估，揭露其违法违规行为，并给出稽核建议，从而推动社会、经济的可持续发展。环境稽核的内容主要有两个：①经济活动中有环境问题；②环境保护的经济行为，是指一个国家或一个组织为了改善环境而进行的各种财政收入和支出。

（三）产品生态管理

在企业的产品层次上应积极推行产品环境标志、产品生命周期管理等手段。以下我们将从 3 方面进行阐述，如图 4-2 所示。

图 4-2　产品生态管理

1. 产品生命周期

在如今的市场上，由于产品的使用周期变得越来越短，因此出现了大量浪费和严重污染的问题。我们可以将生命周期分析和管理的理念和方法作为一个参考，在企业层面上，以延长产品寿命周期设计和管理为指导，将优质、高效、节能、节材、环保作为工作目标，以先进技术和工业化生产为手段，通过一系列技术措施或工程活动，来对报废产品进行修复或改造。

2. 产品生态设计

所谓产品的生态设计是指在产品开发阶段就考虑环境因素，使产品的整个生命周期减少对环境的影响，最终引导产生一个更具有可持续性的生产和消费系统。生态设计可降低成本，减少环境方面的投入，减少企业潜在的责任风险，提高产品质量，刺激市场需求。

3. 产品环境标志

企业是根据可申请环境标志的要求来对产品进行管理的，与普通产品相比，产品的环境属性受到了更多的限制，因此，企业对于符合环境标志条件的产品，都会主动申请相应的环境标志。这对企业节能降耗，降低原材料消耗，提高经济效益，引导消费选择，都是有益的。在此基础上，还可以利用园区内的“生态产业孵化中心”，对园区内的企业进行环保认证方面的咨询。

第四节　城市旅游业的生态规划与构建

一、城市生态旅游的概念和特征

“生态旅游”这一术语，最早由世界自然保护联盟（IUCN）于 1983

年首先提出，1993 年国际生态旅游协会把其定义为：具有保护自然环境和维护当地人民生活的双重责任的旅游活动。生态旅游（ecotourism）是由世界自然保护联盟（IUCN）特别顾问谢贝洛斯·拉斯喀瑞（Ceballas-Lascurain）于1983年首次提出。当时他就生态旅游给出了两个要点：①生态旅游的物件是自然景物；②生态旅游的物件不应受到损害。

在世界范围内，人类所面对的环境危机中，伴随着人们环保意识的觉醒，环保运动和绿色消费在世界范围内风靡开来，而生态旅游，也就是绿色旅游消费，一被提出，就在世界范围内产生了极大的影响，生态旅游的理念在世界范围内快速地传播开来，其内涵也在不断地丰富着。在当今人类生活环境日益恶化的情况下，旅游业根据“生态旅游”的本质特征，把其界定为“返璞归真”“绿色旅游”；面对目前旅游业所面临的各种环境问题，学者们提出了“保护旅游”“可持续性旅游”这两个概念。无论是生态旅游者、生态旅游经营者，甚至是获得利益的本地人，都应该为维护生态环境免受损害而做出自己的努力。因此，生态旅游必须在开发与保护都得到保障的情况下，才能体现出它的科学性。

二、城市旅游业的生态规划手段

为了景区具有持续的吸引力和良好的收益，景区管理者一直特别重视旅游景区的生态环境管理问题，但由于种种因素，目前旅游业依然存在一些突出的生态环境问题，主要包括两大类：一类是环境污染问题，包括地表水、大气、土壤等环境要素的污染；另一类是生态破坏问题，表现为水土流失、土地荒漠化、土壤盐碱化、生物多样性减少、森林砍伐等。解决这两类问题的手段不外乎行政的、法律的、经济的、宣传教育的、科学技术的几种。

（一）旅游景区环境管理的主要方法

环境监测就是在现有的信息和监控数据的基础上，预测未来的环境发展趋势，并为制定预防和改进环境的措施提供基础。环境监控的对象是大气、水、土壤、生物等。旅游环境质量评价是从环境与旅游相适应的角度，运用科学的方法，测量旅游区域的环境质量，进而确定旅游区域的环境质量。相对于常规的环境质量评价，其更注重人们能够感觉到的环境要素的评价，比如，对于以水上运动为主导的旅游区，重点关注的是水域的洁净程度、透明度等。因为旅游环境在很大程度上是人们所能感知到的，所以游客的直觉评估非常重要，通常是选择几个因素，然后用民意调查来对其进行综合评估。

（二）旅游业环境管理的制度

目前尚无直接针对旅游业的环境管理制度，通常的一些环境管理制度，如环境影响评价制度、“三同时”制度、排污收费和排污许可证制度、环境保护目标责任制度、污染限期治理制度等都适用于旅游业的环境管理。如图 4-3 所示。

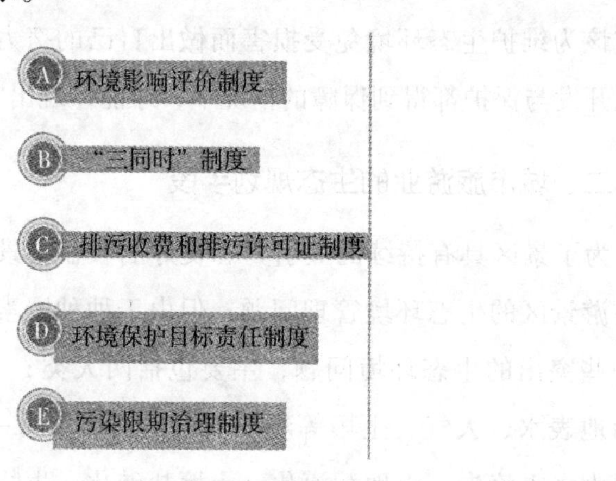

图 4-3 旅游业环境管理的制度

1. 环境影响评价制度

旅游地的环境影响评价，就是指在旅游地中，旅游地的发展活动（项目）和发展政策所造成的环境影响。旅游的环境影响评价主要集中在旅游景区的环境质量评价上，它是把旅游活动作为主要的部分，对旅游景区环境质量状况所反映出来的旅游价值展开的一种环境评价，通常的评价内容有旅游资源的吸引力、旅游景区生态环境要素质量、旅游景区社会文化要素质量评价等。从整体上讲，我国的旅游环境影响评价工作还处于起步阶段，缺少相关的指导原则和方法，信息获取渠道也不畅通。为此，必须制定完善的旅游 EIA 技术指南，尽快构建环境信息系统，实现有效的信息共享，加速 EIA 技术的发展，重视 EIA 的公众参与。

2.“三同时”制度

“三同时”是国家对生态文明建设和生态文明建设的重要内容之一。《中华人民共和国环境保护法》明确要求：在工程建设过程中，应在工程设计、施工和投产运行期间，采取相应措施，以保证工程质量。在此基础上，对所建工程进行全面检查。“三同时”是指国家境内的所有新、改、扩建（包括小规模的建筑），技术改造，以及所有可能引起环境污染或损害的项目，与 EIA 形成互补关系，是防止新的污染或损害的两件“法宝”。在旅游业中，“三同时”是指旅游业和相关企业、事业单位在新建、改建、扩建项目中，对环境工程的设计、施工、生产和使用的一种旅游管理方式。

3. 排污收费和排污许可证制度

排污收费制度是指对向环境中排放或超出一定标准的排污者，按照国家的法律、法规，按照一定的标准缴纳一定的费用。对排污单位收取排污费用，可以起到促进排污单位提高排污单位对排污单位的经济效益、社会效益等方面的作用。污水排放收费是“谁污染谁赔偿”的基本要求。目前，我国的排污收费体系主要表现为：超标排放收费，对各类环境介质实行全国性统一收费，对单因素收费违规加重收费等。在所有的旅游企业中，酒店、餐饮业是支付排污费用的主体。

4. 环境保护目标责任制度

环境保护目标责任制是一种具体落实地方各级政府和有关污染的单位对环境质量负责的行政管理制度。一个区域、一个部门乃至一个单位的环境保护的主要责任者和责任范围，运用目标化、定量化、制度化的管理方法，把贯彻执行环境保护这一基本国策作为各级领导的行为规范，推动环境保护工作的全面、深入发展，是责、权、利、义的有机结合。

对于一个旅游景区，景区内的主要排污单位都要制定相应的环境保护目标责任制度，明确相应的责任单位或责任人，以保障景区的生态环境质量。

5. 污染限期治理制度

污染限期治理制度，是一种对环境造成严重污染的企业、事业单位以及在特别保护的区域内，超标排污的生产、经营设施和活动，由各级人民政府或其授权的环境保护部门作出决议，环境保护部门对其进行监督和实施，并在规定的时间内对其进行有效的治理和消除。被列为限期治理的排污单位，具体有如下几种类型：①因为排放污染物严重，影响了居民或其他单位的正常工作和生活的；群众反映强烈的污染物、污染源。②在人口密集区、水源保护区、风景名胜区、城市上风区、城市上风区，以及其他一些环境敏感地区，如企业和机构。③向社会排放有毒、危险物质，导致环境污染，进而对人类健康构成重大威胁的企业、机构。④污染面积较大、污染严重的工程。⑤地区或水体的环境质量非常差，影响人们的正常生活和观赏，有损风景的地区或水体的环境综合治理工程。就旅游区而言，限期治理的排污企业，主要指的是在景区内部或周边，其排放的污染物有可能对景区产生不良影响，或对景区景观产生影响的企业、事业单位。

（三）绿色环保宾馆评选

绿色环保宾馆指的是以可持续发展为理念，坚持清洁生产，倡导绿色消费，保护生态环境，并合理利用资源的宾馆。减量化、再利用、再循环、置换等原则是我国可持续发展的根本原则。申报条件为符合条件的宾馆必须具备一年以上营业时间。省旅游星级酒店评价组织 3 年复查一次。复查的结果要报国家星级酒店评价部门备案。该标识的有效期限为 5 年，期满后需重新申请，重新评定。绿色酒店的评选旨在促进酒店行业建立规范、低碳、健康、可持续的发展模式，推动酒店行业绿色环保和节能减排工作的持续开展。

三、城市旅游生态容量的规划

旅游环境容量又称旅游生态容量，是指在对一个旅游点或旅游区环境不产生永久性破坏的前提下，其环境空间所能接纳的旅游者数量。旅游者对游览点环境的影响主要表现为对动植物的破坏，故旅游环境容量即对动植物不产生永久性危害前提下的游客数量。而对一个拥有各项旅游设施的旅游区来讲，容量的确定不仅要考虑游览点的容量，还要考虑整个旅游区的环境承受力。重视生态旅游环境容量对于维持生态旅游环境质量和旅游者的满意度来说非常必要。旅游环境容量是一个可变的因素，不同的技术、管理条件下，容量不同，有力的管理可扩大其环境容量。

（一）影响旅游生态容量的因素

旅游生态承载力是由多种因素共同决定的。

1. 对环境进行自我净化

旅游地的生态环境承载力取决于其对各类污染物的天然净化能力。同时，还对旅游地本身的生态环境进行评估，如温度、湿度、季节及昼夜的变化，以及对旅游地生态环境质量的评估。

2. 旅游区域的地理分布与产品分布

不同类型、区域的旅游景区，其环境承载力差别很大。自然保护区和森林公园等具有天然保护功能的区域，其环境承载力低于一般的休闲公园和主题公园等同等规模的旅游区域。

3. 地理位置

不同的旅游地在生态旅游环境承载力方面存在着一定的差别，如海滨度假胜地、优质度假胜地等，其总体水平均高于一般旅游地。

4. 时间节律

时间节律的影响，一方面体现在某些生态旅游区的旅游景观会随着时间的流逝而发生变化；另一方面则是在旅游流量的时间变化中，既要考虑到旅游高峰时期游客的数量，也要考虑到游客的活动强度，同时还要考虑到在淡季、平季期间的设备和设施的使用问题。

5. 管理技术

只有进行了科学的规划及了科学的管理，才能提高生态旅游的承载能力。比如，加拿大的怀伊湿地的野生动物庇护所，为游客建造了一个不会对野生动物造成任何影响的区域，游客可以在此观看各类展品，并观看相关的视听资料，以及导游手册，对湿地和野生动物有一个全面的认识；在此期间，只有少量的自助式游客或团体游客可以进入该区域的外围区域；为了让游客能亲眼看到野生生物，观光中心附近还开辟了一条列车线路。

6. 社会文化环境

长期发展的地区，因为当地居民已经适应了游客的到来，所以增加了其文化环境的承载能力；旅游业工业化水平较高的地区，其接待能力也较强；如果一个地区的文化差异（包括宗教信仰、生活习俗、生活观念等）大，那么这个地区的社会文化环境容量就会小。

7. 经济方面的情况

旅游目的地的游客数量在一定程度上是由当地居民与政府的经济利益共同决定的。该阈值与该区域的经济发展程度密切相关，该区域的经济发展程度越高，该区域的阈值越高，反之则越低。

8. 旅游业土地

在一个地区，随着土地利用的减少，当居住用地规模缩减到某个限度时，就会引起本地居民（包括旅游从业人员和非从业人员）的心理抵制，造成生活秩序被打乱，从而导致紧张、焦虑和沮丧，进而影响居住环境的品质。

（三）生态旅游活动对生态系统的影响及饱和、疏载的防范

如果生态旅游行为不恰当地进行，或者超出了其所能承受的范围，就会对其产生不利的影响。①间接地损害了土壤环境；②水体、空气等环境因素的影响；③噪声造成旅游品质和生态品质的降低；④对物种的影响；⑤对生态环境造成损害，使资源或生态环境的价值下降；等等。

要对已经或者正在接近饱和或者超载的生态旅游环境容量进行调节，可以从如下几个方面入手：①将旅游供需关系进行调节，运用行政或者经济手段进行合理分流；②在旅游淡季，对旅游景点进行生态修复和生态修复；③各景区交替开放，按区域进行分区；④对破坏的生态系统进行人为修复，促进生态系统的快速修复。

四、城市生态旅游的构建

旅游景点作为一种重要的人文景观，其生态价值、文化价值和经济价值都是不可忽视的。然而，不当的开发和建设，以及过分的人为干预，经常会导致一系列的生态环境问题，比如土地退化和沙化、森林破坏、水土流失、环境污染、水资源短缺等。因此，我国对旅游业的发展提出了更高的要求。开展生态旅游规划，能够减少能源消耗、资源消耗，对生态环境进行保护与修复，实现绿色、循环、低碳发展，推动新型城镇化进程，进而推动“美丽中国”建设。生态旅游规划是研究旅游者的旅游活动与其所处环境之间的相互作用的规划，是运用生态学、规划学的

原则与方法，把旅游者的旅游活动与其所处的环境特征相联系，从而对旅游活动在空间与环境方面进行合理的安排。在进行生态旅游规划时，应注意：①生态旅游资源的现状、特点、生态承载能力和空间格局；②游客的种类、兴趣和游客的需要；③分析当地居民的经济与文化状况，分析当地居民的文化与经济状况，并分析他们的承受能力；④游客的游览行为，当地人的生产、生活行为与游览环境的相互影响。

（一）生态旅游构建的主要原则

生态旅游构建一般遵循如下四条原则。

（1）旅游活动与环境保护相结合的原则，生态旅游计划是指游客的旅游活动与其所处的环境之间的相互联系，在计划中，游客的旅游行为、当地人的生产、生活行为都要与其所处的环境相结合有机结合。

（2）生态旅游的整体性，即生态旅游既要体现旅游的生态性，又要体现旅游服务、文化管理等方面的生态性。

（3）生态观光计划必须符合地方的永续社会、永续发展的目的，一个好的计划，不但要说明目前的观光计划，还要说明将来观光计划的发展方向和空间。

（4）制订生态旅游计划时，应根据生态旅游区的重要程度，进行适当的功能分区，制订适合动物生存、植物生长、游客参观、居民生活的各项计划。充分发挥河、湖、山、绿地、气候等优势，为游客营造美丽的自然风光，为居民营造一个卫生、舒适、宁静的生活空间。

（二）生态旅游的构建目标

生态化构建目标体现在以下三个方面。

（1）一种自然资源保护计划，其目的是为了保护可利用资源的总体生态价值，其基本特性，以及其对人为扰动的自修复能力。保护并改善其表面与地下水质，保护和改善动植物的种类和它们的生存环境，保护自然景观的品质。

（2）以保护与充实城市的历史与文化资源为目的，对城市的人文资源进行了保护。保持与所规划地区的总体生态价值观相关联和和谐的传统生活方式，保存与保护历史与文化的基本元素，挖掘历史与文化的元素。

（3）旅游业的发展，应与风景区的整体生态、人文等方面的保护相结合，对旅游业的发展进行适当调控。以旅游区的环境容量以及地方的产业发展规划为依据，对旅游产业的发展进行科学合理规划，例如，只能在指定的未来发展区内开展可以推动发展的项目，只能在规定的区域内设置旅游接待设施等。

（三）生态旅游的构建内容

生态旅游的发展构建是在生态旅游供需分析的基础上，提出发展特定生态旅游产业的生态潜力与生态限制条件、生态旅游产业的空间适宜性分布，以及生态旅游产业发展的政策与措施。生态旅游构建一般包括以下几部分的内容。

1. 旅游景观资源及发展生态旅游的潜力分析

一个地区的旅游资源是怎样组成的，它的特点是什么，它的功能是什么。在进行生态旅游规划的时候，一定要搞清楚该地区的旅游资源的基本组成，研究其适宜的旅游活动，并确定其是否具有发展生态旅游的条件。目前，对旅游业的发展状况进行研究，主要是以生态考察为主要手段。生态调查可以分为两个部分：一是自然环境，二是社会经济因素。自然环境的调查包括地形、地貌、水文、气候、植被、野生生物、土地利用现状等。人文考察的主要内容是人文地理学的特点，如历史、文化、社会、经济等。对社会经济因素进行调查和分析，是为了确定旅游景区所处地区的经济水平，以及最近的中心城市、经济带、经济区的经济发展水平和辐射距离。同时，在一个地区，物种的多样性也是一个很好的评价指标。一个地区的生物多样性越高，其生态旅游价值越大。在构建各类生态旅游景点的时候，要对本地的生物进行全面的研究，在制订构建计划时，要将本地的植物、动物、游客和居民与周围的环境和谐统一起来，对本地的生物资源进行合理利用，对其生物多样性进行保护和发展。

从本质上讲，任何一种空间和景观组合，只要能与人类的情感“相谐”，或能与人类的人文需要“相融”，就能成为一种可开发的旅游资源。要对现有的旅游接待容量与潜在容量进行综合评估，就需要制定相应的评估指标与方法，并对其进行潜力分析与评估。生态旅游的潜能是一个不断改变的过程，在对其进行评估时，不仅要考虑到其经济、社会、美学和生态等方面的价值，还要考虑到其对未来旅游开发的潜在价值的保持。所以，生态旅游资源的评价不仅要考虑到资源自身的特性，还要考虑到资源的未来发展、生态环境的潜在条件、市场的潜在规模和格局的变化，以及对旅游外部条件的支持。

2. 生态适宜性分析

生态构建的关键是生态适宜性分析，它的目标是运用生态学、经济学、地理学等有关学科的原理与方法，判定景观类型对特定功能的适宜程度与限制程度，并对旅游景点进行适宜程度的划分。在此基础上，利用分级融合原则，对各类型的生态潜能和生态约束进行逐层叠加，形成各类型的适宜度分级图。通过叠加各旅游项目的适宜性度等级图，对其进行全面的分析，最后得到生态旅游项目的适宜性度分布图，从而对景区旅游开发中的土地使用模式提供建议。通过对该地区的生态适宜性进行评价，能够较好地确定资源的开发和保护程度。例如，把一些在生态上极其敏感，具有独特景观，适宜保持其原有面貌，不宜受人为建筑扰动的地区作为保留区；对某些敏感程度较低，但景观质量良好，适宜在指导下进行有限开发的地区，划定为保护范围；在对自然地貌和对植物的保护作用不大的情况下，可以发展为开发区。

土地利用敏感区是指对某一类生态系统进行保护、恢复和重建时，对其进行保护和恢复的特殊区域。在特殊的保护区域，不得修建公路，不得设置设备。

（1）农业区：为保障农业生产安全，对农业区的可耕种土地，不得用于任何其他目的。

（2）水土保持和水源涵养区：由于受地形和土壤等多种因素的制约，不同的生态系统对土壤侵蚀的敏感度有很大的差别。土壤保护是生态旅游不可缺少的组成部分。因此，应对土壤侵蚀模数大的重要河流、水体的集水区进行保护，禁止进行土壤侵蚀敏感性大的旅游项目。

（3）自然灾难敏感区：自然灾难频发的地区，不适宜发展生态旅游。

3. 具有地方特色的生态旅游产业

在进行生态旅游开发的过程中，不仅要对各种类型的工业进行科学的开发，而且要对各种工业进行合理的空间布局。游客在进行旅游活动的过程中，对目的地的衣食住行等方面提出了更高的要求。对生态旅游地来说，要努力实现旅游地的生态化。针对不同的生态旅游点，应结合自己的特色，选择适合自己的发展方向。通常情况下，可对建设生态饭店、生态宾馆、生态商店进行充分的考量，开发出能够体现旅游景观生态化的项目，比如生态迷宫（花卉迷宫、果蔬迷宫、湿地迷宫、水景迷宫、树林迷宫等）、森林氧吧、森林浴场、大型树屋、大地艺术、空中花园等生态项目。提倡生态运输，在风景区内，可采用太阳能或电力驱动的手推车、脚踏车，或让游客步行代替汽车。严禁采用对环境不利或影响生物生存的其他运输方式。在“人与自然和谐共处”理念不断深化的今天，人们对旅游产品的生态模式的重视程度也在不断提高，生态旅游产品的开发也是发展生态旅游产业的一个重要方面。在此基础上，可结合生态旅游的主题与文化特点，设计出一批具有代表意义的纪念品、食品、用品、服饰等。合理的产业空间布局，既能防止产业发展中的重复、资源浪费、经济活力不足等问题，又能更好地发掘生态旅游业的潜能，保证生态旅游业的健康持续发展。生态旅游产业的适宜性分布是一种以区位的表现为重点的一种空间性配置方案，可以利用之前的潜能分析和适宜性分析方法，在确定了各类活动的潜能分布以及敏感的区位后，利用叠图分析的方法，确定各类活动的合适区位。

4. 生态旅游配套设施设计

生态旅游配套设施的设计规划也是非常重要的内容。道路、交通条件的好坏，是否给游客的出行带来方便，以及政府的支持力度如何，都是旅游规划能否成功完成的重要条件。配套设施规划一般包括对外交通规划、内部交通规划、主景区间环车道规划、景区内游览道规划、景点间游步道规划等。

5. 生态旅游规划方案

依据上述内容及实施措施，并以“可持续发展”为指导，从“可持续”的角度出发，对“不可持续”的区域进行整体规划。良好的规划与设计，不仅是开发与建设的先决条件与基础，更是开发与发展的活力之源。在方案编制过程中，可按具体情况进行多项比较，以便施工时选择最好的方案。在发展过程中，既要重视旅游地的发展，又要注重资源和环境的保护；既要保持旅游地的发展，又要充分利用旅游地可持续发展的生产力。

第五节　城市服务业的生态规划与构建

服务产业的发展可分为三个层面：第一个层面是以知识为基础的服

务产业，如金融、保险、信息、文化教育、科技等；第二个层面是生产服务业和制造服务业相结合的产业，主要包括现代物流、商业会展和房地产等支撑产业；第三个层面是生活性服务业，具有较大的就业能力，服务范围较广，能够满足大多数人的需要，主要有绿色商贸流通、旅游休闲、社区服务、体育卫生等基本产业。在此基础上，探讨了不同层级的具有代表性的产业生态模型，以达到整个服务产业生态的目的。从全球各个大城市的现代服务业发展路径来看，金融服务、创意服务、技术创新、航运贸易等都是服务业发展的核心，而这部分产业的发展与信息、物流业的发展密不可分。而近几年来，随着人们的精神和物质生活水平的提高，人们对饮食、旅游等方面的需求越来越大。所以，在对生态服务业的模式进行探索的时候，一定要着重对传统服务业中的绿色餐饮、绿色物流的发展模式和知识型服务业中的绿色商贸、绿色信息产业的发展模式进行探索。

一、城市绿色餐饮的生态规划与构建

随着生活质量的不断提升，人们对生活环境、饮食环境和购物环境的要求也越来越高，这对餐饮业的发展提出了更高的要求。绿色餐厅环境幽雅、生态宜人，这也使得生态餐厅得到了快速发展，在绿意盎然的环境下用餐，已经变成了人们喜欢的消费方式。创造“绿色”餐厅，要通过节约能源，减少资源消耗；另外，还要降低废弃物和污染物的形成和排放，促进宾馆、酒店、商场产品的生产、消费过程与环境相兼容，降低酒店、餐厅对环境危害的风险。

在绿色餐饮的生态管理中，除了要对用餐环境进行细致的设计，尽可能地营造出一个生态幽雅的环境之外，还需要在生态美食上面做出文章，将餐饮这一传统的生活性服务业作为一个契机，来提升大众对城市生态旅游业的认识程度。以生态饮食为导向，以生态旅游为导向。与此同时，在水、电、油、气、服务效率等方面，还必须减少餐饮业的能源消耗和电力消耗。强化节水节电、中水回用、绿色生活用品的理念，并采取激励手段，强化管理。推广地沟油作为生物燃料的应用，树立“生态”“健康”“美味”的生态餐饮形象。

二、城市绿色物流的生态规划与构建

绿色物流是指在物流过程中，在降低物流对环境造成危害的同时，实现对物流环境的净化，使物流资源得到最充分的利用。绿色物流同样指的是一种可以抑制物流活动对环境的污染，减少资源消耗，利用先进的物流技术，对运输、仓储、装卸搬运、流通加工、包装、配送等作业流程进行规划和实施的物流活动。从物流的管理流程来看，要以环保和节约资源为主要目的，对物流系统进行完善，不仅要重视正向物流环节的绿色化，还要重视供应链上逆向物流体系的绿色化。

1. 绿色物流发展模式

目前，绿色物流发展模式一般包括企业绿色物流模式、逆向物流管理模式、社会管理控制模式、绿色物流与三大产业的交叉模式等几种。

（1）企业绿色物流模式，以绿色运输、绿色包装、绿色流通加工等方式，以减少环境污染和资源消耗为目标，运用现代物流技术，对运输、存储、包装、装卸、流通加工等环节进行规划和实施，实现人与环境的协调发展。

（2）逆向物流管理模式，即利用逆向物流对废弃产品、有缺陷产品以及因其他原因而被退货的产品进行再利用价值的再获取。回收在生产领域内经生产消费或生产消费后产生的废弃物品，通过分类、加工、复用的物流活动，将其纳入物质循环体系。

（3）社会管理控制模式，即以新的政策法规为指导，以行政的方式强化环保服务意识，让环保理念和环保政策得到有效落实。比如，提高排放标准、提高能源利用率等。

（4）绿色物流与三大产业的交叉模式，工业、农业、服务业都存在着物流，在其空间迁移和时间迁移的过程中，会消耗资源，对环境造成一定的影响，而三大产业之间的空间迁移和时间迁移，可以通过科学的仓储、装卸等绿色的运输方式，使三大产业之间的空间迁移和时间迁移达到生态化、绿色化；同时，还可以利用第三方物流，将物流优势发挥到最大。

2. 绿色物流管理的途径

绿色物流的管理要从供应商、原料、生产、商品包装、交通、仓储、流通加工、装卸等整个环节做起。

（1）绿色供应商管理。供应商的原材料、半成品的质量将会影响最后的成品，因此，要想实现绿色物流，就必须从根源上对其进行控制。在绿色供应物流中，需要在供应商的选择与评估中加入环保因素，也就是要对供应商的环保表现进行考核。在此背景下，一方面要加强对企业环保行为的监管，另一方面要在环保与经济两个方面寻求平衡。

（2）绿色原料管理。绿色产品的制造所使用的原料必须是绿色的。①原料必须是环保的，不需要经过任何处理，可以在丢弃后自行降解，并且可以被自然所吸收，同时易于处理，在处理过程中不会产生或只会产生极少的污染；②使用可回收、可加工、可重复利用的物料作为原料，并将物料的类型尽可能地精简，以利于物料的再利用。

（3）绿色生产管理。绿色生产的两大目的：①采用可再生资源和二次能源，并采取节约能源和节约能源的措施，实现可持续的使用；②在此基础上，通过对不同类型的工业产品进行分类，从而达到资源节约目标。

（4）绿色商品包装管理。绿色商品包装是一种行销方式，但是，有相当一部分的产品，在经过一次消费后，就会被人们丢弃，这将导致环保问题。比如我国目前较为严重的“白色污染”，其原因就在于到处丢弃不能生物分解的塑胶袋。绿色包装指的是采用节约资源、保护环境的包装方式，它的特征包括了最省的材料、最少的废物，还可以节约资源和能源，容易被回收利用和再循环，包装材料还可以被自然地降解，而且降解的时间很短，绿色包装材料对人类的健康和生态都是无害的。

（5）绿色交通管理。在进行交通运输时，往往会给环境带来负面的影响，例如：车辆的能耗较高；在交通工具中，存在着大量的有毒气体和噪声；易燃、易爆和化学药品等具有危险性的原料和产品的运输，一旦发生爆炸和泄露等事故，将给周围的环境带来极大的危害。所以，建立一个企业的绿色物流系统是非常重要的。交通的绿色化可以从下面几个方面来实现。①优化配站布局，制定配站规划，以减少货物损耗，减少货物损失。实行联合配送，降低环境污染。②实行统一协调的交通。连贯一致的交通运输是现代物流的一个重要组成部分，它可以通过改变各种交通工具，包括改为铁路、海运和空运来减少列车总量。③对运输单位的环保性能进行评估，确定专用运输单位，采用专用运输车辆，并制定相应的紧急防护预案。

（6）绿色仓储管理。合理的仓储在物流体系中能起到缓冲、调节、平衡功能，是物流体系中的重要组成部分。主要的存储设施或者空间即仓库。现代仓储是实现绿色物流运作的物质配送中心。绿色仓储需要有一个合理的存储空间，以节省物流费用。在建造仓储设施之前，应进行相关的环境影响评估，以全面地考量建造仓储设施对当地环境的影响。利用现代化的储藏维护技术，例如气帘防潮、气调储藏、塑膜密封等，是实现储藏绿色化的重要途径。

（7）绿色流通加工管理。绿色流通加工就是在流通的同时，不断地对流通中的货物进行生产加工，把它们变成更符合顾客需要的成品。流通业是一个极具生产性质的行业，在环保方面也具备较大的绿色流通和加工空间。在绿色流通加工的路径上，可以分为两个部分：①将对消费者进行的分散加工转变为对行业集中加工，通过规模化操作来提升资源的使用效率，从而降低对环境的污染；②为降低因用户分散化而带来的垃圾对环境的影响，对生活消费品的残渣进行集中处置。

（8）绿色装卸管理。装卸是指在搬运、储存、包装之前或之后，在搬运及储存过程中所发生的装货及卸货过程。实行绿色装卸，就是要让企业在装卸的过程中，展开正当的装卸工作，避免商品的损坏，从而避免资源浪费和废弃物造成的环境污染。除此之外，在进行绿色装卸的过程中，还需要企业将无用的搬运清除掉，从而提升搬运的活性，并对现代化机械进行合理的使用，以维持物流的平衡和畅通。

三、城市绿色信息的生态规划与构建

过去，人们一直以为信息工业是一种无污染的工业。其实，信息的使用与传播，不仅会耗费更多的能量，产生更多的二氧化碳等有毒气体，而且也会造成更多的电磁、辐射与视觉污染。特别是在信息产业中，所产生的能量消耗以及所产生的二氧化碳，都不能被忽略。有调查显示，服务器和 PC 设备产生的二氧化碳，要比冷冻机产生的二氧化碳更多，它们所产生的二氧化碳，占到了全球年总排放量的 0.75%。信息产业制造了许多增加温室效应的二氧化碳，其排放量超过 2%，与全球航空业所制造的二氧化碳，总量不相上下。在英国，办公室的能耗约为国家总能耗的 30%，而计算机显示和各类计算机系统所耗费的能量，更是超过 2.5%，超过 65%。为减少能源消耗和减少环境污染，迫切需要发展绿色的信息产业。目前，国内企业对绿色信息化的应用尚处在起步阶段，仅有几家大型企业把绿色信息化作为推动其生产发展的主要力量。绿色信息在生产、经营活动中起着重要的作用，为组织和社会的可持续发展提供决策，不仅可以满足自发展的需要，还可以实现整个系统建设的可持续发展。

1. 绿色信息的特点和衡量标准

绿色信息不同于传统意义上的信息，更多地体现在能源消耗低、污染物排放少、开放性更高、服务性更强等方面。

（1）绿色的一种特性就是能够降低能耗，提高可再生资源的利用率。在这个过程中，节能降耗不仅仅是指为生产和使用的企业节能降耗，而且还包括在信息传输和公共消费等方面，也能起到减少能耗的目的。当前，计算机的软硬件系统在生产和使用的过程中，如果能够实现节能降耗，采用低能耗的设备和绿色的数据中心，将会极大地降低能源的消耗。同时，绿色操作系统还可以对整个信息技术系统进行合理的配置，从而减少系统的能耗。要想达到节能降耗的目的，除了上述集中处理和使用的平台要展开绿色化运行之外，全社会也要采取相应的措施，改变自己的消费观念，比如尽量购买绿色环保产品、减少不必要的开机闲置、培养良好的使用习惯等。

（2）低污染、低辐射的绿色信息行业中，对于低污染、低辐射的概念，主要是指在绿色信息科技产品的应用与加工、处置等方面。首先要保证产品不会有任何污染，也不会有任何辐射。与此同时，IT 产品中产生的电子垃圾也应该被妥善处理，尽可能地提高其可循环利用的数量，并将垃圾的排放量降到最低，从而将其对人类生活的影响降到最低。

（3）形式多样、变化快速的时代对绿色信息行业提出了更高的要求，因而具有较好的开放性与服务性是满足这一要求的先决条件。这一点具体体现在两个方面：①可以与其他系统之间进行数据交流，从而达到及时、快速的数据共享，并在持续的交流共享中扩大绿色信息系统的应用范围；②可扩充性好、可扩充性强，可扩充的界面足以满足系统的需求，并能建立起一个完善的功能系统，使得该系统可以更好地为使用者服务。

2. 绿色信息发展途径

发展绿色信息，可通过以下途径实现。

（1）对信息传送时的磁性污染、噪声污染，以及信息制造时的污染，需要进行污染方面的监测，将污染降至最低，最后消除。

（2）减少信息传送，在技术上，减少信息传送费用。

（3）利用信息技术对其他产业的渗透，增加其他产业的信息化程度。尤其是利用信息技术对传统工业进行改造升级，将信息技术运用于传统工业的研究开发、设计、生产、管理、营销等各个环节，进而对传统工业进行技术改造和流程重组，获得资源整合、节能减排等成效。

第六节　城市资源和能源的生态规划与构建

资源和能源是社会经济发展的命脉，我国当前正面临资源和能源短缺的瓶颈，如何应对资源、能源短缺的现实问题，如何为经济健康发展提供保障是摆在我国全社会面前的一个重大问题。在当前社会经济依然快速发展的形势下，要突破城市资源和能源短缺带来的约束，保障经济可持续发展，就需要利用生态管理手段调控资源和能源的使用，提高资源利用水平和效率。

一、城市水资源的分级和循环利用规划与构建

水是生命之源，也是发展必不可少的重要物质基础。我国水资源现状面临的问题比较严峻。主要表现在以下几方面。

（1）水资源匮乏。我国拥有全世界第四大水资源，但是，我们的人均水资源却仅相当于全世界的1/4。我国现有600余个城市，水资源短缺城市300余个，其中108个城市严重水资源短缺。

（2）水资源的利用率极度不科学。当前国内大部分农村地区的水资源利用率低，仅为40%。与发达国家相比，我国农田灌溉用水效率较低，而工业用水则与农业用水形成巨大的反差，如钢铁冶炼，其单位用水远超国际同行业用水量。水资源的再利用比发达国家的1/3还少。

（3）人们的节水环保意识不强，水资源匮乏，水污染严重，很多地方和产业还在对珍贵的水资源进行着严重的浪费，水的利用率还很低。自然降水的利用率很低，浪费也很严重。

（4）水环境恶化。根据对七个主要流域的监测结果，我国大部分城市的地表水、地下水均已出现不同程度的点、面污染，并呈逐年加剧之势。日益严峻的水质问题，不但导致了水质下降，而且使我国的水资源紧缺问题日益突出。

（5）土壤侵蚀。几乎每一个省份都存在着土壤侵蚀现象，这种现象的分布范围广、破坏力巨大，在全世界也很少见。

随着社会经济的发展，水作为一种十分紧缺的资源越来越被人们所重视。因此，如何提高水的重复利用率，加强用水管理，切实重视节水，有效地保护和利用好有限的水资源就显得尤为重要。对于城市水资源的规划与构建，可从以下两个方面来进行：一是提高水的循环利用率，二是节约用水。

（一）城市水的循环利用

水循环有两种形态：一种是水的自然性循环，另一种是水的社会性循环。水的自然循环有许多种，其中对人类来说最为关键的是淡水。海水从海水中被蒸发，被蒸发的水蒸气被空气中的气流带到陆地上，再以雨水和积雪的方式降落，这些雨水中的一部分会变成地表水，一部分会渗透到地下，最终会变成地下水，另一部分则会再次被蒸发回到空气中。地表水与地下水源最后汇入大海，形成了天然的淡水循环。人类不能掌控水的自然规律，只能顺其自然，但在水资源短缺的时候，可以对已有的水资源进行合理的配置与利用；在水资源过剩的时候，对其进行分流与蓄水。

对于我们来说，最有意义的，可以人为地加以调节的，就是水的社会性循环。污水的回用，在水循环过程中，能有效地降低城市自然水的取水量，减轻水资源短缺，可行的污水、废水回用方式有很多，其中最广泛的一种方式就是工业企业内水的回收和再利用，但在这一点上，我国与发达国家还有很大的距离。城市生活废水在达标后再利用，其水质要比直接排放到自然水中复杂得多，但在缺水地区，目前已有多种处理方法，这是一种较为经济、较为可行的方法。当前，北京、天津、青岛等多个省市已建立多个城市污水资源化利用示范项目，为其在我国的推广应用打下了良好的基础。经过处理后的生活污水可以被利用到很多方面，比如可以被用来冲洗厕所，灌溉绿地景观，灌溉道路；也可以被称作“中水道”，它可以替代自来水，在城市，特别是在缺水的城市，是非常有价值的。

（二）城市水资源节约利用

随着城市化的推进及社会经济的快速发展，城市用水需求将持续增长，水资源的供求关系将变得更加尖锐。城市供水和排水的成本将上升，超过国家经济所能承受的范围。通过节水，可以有效地减少城市供水和排水量，从而降低城市供水成本。在我国，水资源是比较匮乏的，水资源的分布非常不均衡，再加上现在有些地方已经出现了资源型缺水的情况，因此，在水资源丰富的地方也要节水。在某些发达国家，节约用水已经形成了一种共识，并形成了一种共同的行动。

通过多年来的不懈努力，国家节水型城市、节水型社会的建设已取得了一定的阶段性成果，节约用水已成了全国的普遍共识，并形成了一种全民的道德风尚。

同时，我们也应该看到，我国城市水资源保护工作正面临着新的形势与挑战。我国水资源短缺问题仍然十分突出。伴随着社会经济的迅速发展，社会经济系统对水资源的需求量也在持续增长，资源型缺水、水质型缺水以及水环境污染等问题，都是制约经济和社会可持续发展的主要问题。随着我国城市化进程的加快，水资源的开发与利用面临着巨大的挑战。因此，在我国城镇地区，需要加大节水力度，不仅是一种短期措施，更是一种长远的战略性工作。节约水资源的观念和行动要渗透到各个地区，渗透到社会经济的各个方面，渗透到各行各业，渗透到每个家庭，渗透到每一个人。因此，必须通过全社会的努力，才能确保我国的水资源安全，实现我国的社会和经济的可持续发展。

二、城市一体化的能源规划与构建

在工业化阶段，提高能源效率是减少碳排放最为有效的方式，而且能源效率提高的空间非常大。广义的能源管理是指对能源生产过程的管理和消费过程的管理，狭义上的能源管理是指对能源消费过程的计划、组织、控制和监督等一系列工作。能源管理的单元可大可小，大到整个国家、地区，小到可以是一家企业或企业的一个生产单元。

（一）合同能源管理

20 世纪 70 年代，在西方发达国家开始发展起来一种基于市场运作的全新节能新机制，即合同能源管理，在国内广泛地被称为 EMC。节能服务公司与用能单位以契约形式约定节能项目的节能目标，节能服务公司为实现节能目标向用能单位提供必要的服务，用能单位以节能效益支付节能服务公司的投入及其合理利润的节能服务机制。其实质就是以减少的能源费用来支付节能项目全部成本的节能业务方式。

（二）能源管理认证

要充分认识加强万家企业能源管理体系建设的意义、加强万家企业能源管理体系建设工作指导、积极推动万家企业加强能源管理体系建设、开展万家企业能源管理体系建设效果评价。此外，相关部门相继开展了一些资质管理和认证工作，如企业的能源管理体系认证、合同能源管理认证资质、能源管理师资格管理等。同时，开展绿色能源县的创建工作，该项工作由国家能源局、财政部共同认定和推进。

（三）产业绿色能源管理

节能减排是实现绿色能源的关键。在汽车业、电子信息业方面，要加快淘汰落后的生产能力，推动工业结构的调整。推动零排放建筑的发展，使用分层分布式的系统架构，对建筑的电力、燃气、水等各分类的能耗数据展开采集、处理，并对建筑的能耗现状进行分析，实现建筑节能应用等，让节能建筑在新建建筑中的比重始终维持在100%，这是提升建筑能量使用效率的一条重要路径。在运输方面，则应加大基建力度，加速大规模公交系统和地铁等公共运输系统的建设，以提升能源利用率。在此基础上，通过对可再生能源的合理使用，提高建筑能耗控制水平，推动混合动力汽车、电动汽车、太阳能汽车和氢能燃料电池的推广使用。

三、城市固体废弃物资源化规划与构建

（一）废弃物回收利用模式

废弃物回收利用模式是指在更大的规模上，在生产、生活的各个方面，通过建设一个集中的废弃物处理、处置、回收、再利用的设施和场所来发展循环经济。对日常生产生活中产生的废弃物进行回收、分类，并将其运输到专业的废弃物处理处置场所或资源再生企业进行集中处理，能够转化为资源再回到生产场所，从而达到材料的循环使用。当前，国内垃圾回收系统的规模很小，基本上都是自发建立起来的，其回收对象

也只局限在那些可以直接产生出可见效益的垃圾，比如废旧玻璃、废旧塑料、废旧纸品、废旧金属等，而且回收的量非常有限，与我们的环境保护目标还有很大的差距。

在将废弃物进行资源化的时候，从企业层面、区域层面去构建工业固体废弃物的循环利用链条网络，是一种行之有效的方式。但是，这种方式只是对部分工业固体废弃物进行了资源化，因为工业固体废弃物来自社会生产的每一个方面，所以，要想达到最好的资源化效果，就必须从社会的整体循环的视角出发，发展可再生资源的循环经济，建立可再生资源的交换体系，以及可回收的资源的循环利用行业，从而在全社会形成一个“自然资源产品—再生资源”的循环经济环路。

（二）发展静脉产业

所谓“静脉产业”，是指承担废弃物收集运输、分解分类、资源化或最终处置等过程的产业，其核心是将废弃物转变为可重新利用的资源和将再生资源转变为产品，静脉产业是循环经济的重要载体；与之相对应的，把开发利用自然资源形成产品的产业称为“动脉产业”。发达国家的循环经济主要集中在静脉产业，而我国的循环经济不仅包括静脉产业，而且包括动脉产业，是动脉产业与静脉产业协调发展的有机统一体。

发展静脉产业可以做到一箭双雕，它不仅可以将废弃的资源和能源进行充分的利用，还可以减少对原生资源的需求，从而让企业减少能源和原材料的消耗，降低生产成本，从而达到节能增效的目的。同时，它可以有效地减少废弃物对环境所造成的不利影响，还可以将产业链进行延伸，从而提高就业岗位。在中国，静脉产业是一个极具发展前景的工业，它将是我国循环经济发展的主力军，也将是我国经济发展的一个新的增长点。

但是，与日本、德国等先进的静脉工业国家比较，我们在这方面还有差距，尚未建立起一个标准的、规范的、统一的、可再生的分类和可再生资源的回收与再利用系统。由于过于注重经济利益，而忽略了社会、环境等方面的效益，在对其进行循环使用时，往往造成了对环境的损害，且在最后处理时又极易造成二次污染。

在此基础上，我国需要建立一套健全的发展体系，进一步完善循环经济体系，完善我国静脉产业发展规划，完善相关法律、法规，对各主体间的经济联系、权利和责任进行有效调控，并综合运用财税、信贷、投资、价格等多种政策措施支持其发展。在循环利用方面，重点是提升循环利用技术，可以通过加强国际合作、加强政策支持等方式来实现循环利用；在可再生能源的营销方面，可以通过创建可再生能源的市场，并给予金融、信贷和税收上的支持，以此增强可再生能源的市场竞争力；在最后的处置过程中，可按照减量化、无害化的原则，采用填埋、焚烧、堆肥等方法，并进行无害化的综合处理。

（三）电子废弃物的处理、处置

电子垃圾的环境污染主要来自电子垃圾中含有的重金属和卤素阻燃剂。在处理方式上可以将电子元件小型化，功能集成化，延长其使用寿命，增加其可靠性及耐久性，降低报废率；此外，还可以通过对产品的结构进行改善，采取更易于组装、拆卸的方式，使得产品不仅可以满足使用者的需求，而且可以方便地进行更新，达到降低生产能耗，杜绝浪费等目的。几乎所有电子产品的生产都要经过四个重要的过程，分别是技术研发、产品设计、物料采购、生产制造。在电子产品的生产过程中，流水线制造质量的优劣直接影响生产出的产品质量，这样一来，生产中的过程控制就显得非常重要。在电子产品的制造中，需要使用的物料种类繁多，其中不乏有毒、有害的物质，为从根源上降低有毒污染物的使用，可以对原物料进行替代。为了进一步提升电子产品和生产企业的品位与品质，就要不断完善生产过程中的各个环节，严格把控物料采购和生产环节。实现材料的回收与梯级利用，减少废物或将废物转化为资源，是实现电子器件清洁生产的重要手段。减少过多的包装，达到绿色包装的目的，既可以减少包装垃圾的数量，又可以为企业节约成本。例如，纸浆模塑和纸蜂窝制品既可以节约资源，还可以保护生态环境，这与国际上包装工业材料的应用发展方向是一致的。此外，还可以通过节电、节水、节约物料、提高产品质量、减少废品和次品、减少生产过程中废物的生成量等多种措施，来提高资源和能源的利用率。

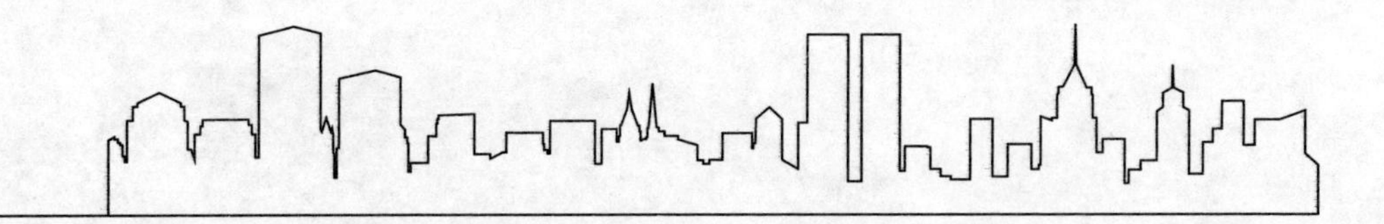

第五章　城市生态环境的规划与构建

第一节　城市生态环境规划的内容

城市生态环境规划的内容主要包括城市生态环境现状调查与评价、城市生态环境规划目标的确定、城市生态环境规划指标体系构建、城市生态环境预测、城市生态环境规划方案设计。

一、城市生态环境现状调查与评价

通过对城市生态环境进行调查和分析，可以为城市的生态环境规划提供指导依据，它是城市生态环境规划的基础性工作。

（一）城市生态环境现状调查与评价的内容

城市生态环境现状调查与评价的内容包括城市自然环境现状调查与评价、城市污染源现状调查与评价、城市经济现状调查与评价。

1. 城市自然环境现状调查与评价

城市自然环境现状的调查包括城市水环境（包括地表水和地下水）现状调查、大气环境现状调查、固体废弃物污染现状调查、土壤环境现状调查、噪声污染现状调查等。针对调查结果进行评价，找出目前存在的各种环境问题以及规划期内需要解决的环境问题。

2. 城市污染源现状调查与评价

对一些比较突出的污染源进行调查，根据污染类型进行单项评价，结合当地的实际情况，确定出评价区域内的主要污染物及主要污染源。评价过程中，注意将污染源和环境效应结合起来进行综合评价，为区域环境功能区划分和区域产业布局提供依据。

3. 城市经济现状调查与评价

主要调查与城市生态环境规划有直接或间接关系的经济活动。依据城市内（或具体区域内）生产力发展水平分析环境污染出现的可能性，然后进行环境损益评价，结合评价结果最大限度地控制环境污染。

（二）城市生态环境现状评价的方法

针对不同的生态环境因素，评价的方法也不同。在此，作者以城市水体质量评价为例，简要阐述三种常用的评价方法。

1. 单因子评价法

针对水体质量，我国已经确立悲观评价原则，即以水质最差的单项指标所属类别来确定水体综合水质类别。其方法为：用水体各监测项目的监测结果对照该项目的分类标准，确定该项目的水质类别，在所有项目的水质类别中选取水质最差类别作为水体的水质类别。在水体质量评价方法中，单因子评价法是目前最常用的一种评价方法，具有简单明了的优点。其缺点是不能全面反映水体的污染情况。

2. 水污染指标评价法

水污染指数是用各种污染物质的相对污染值进行数学上的归纳和统计，从而得出一个较为简单的数值，既可以用它代表水体的污染程度，也可以用作水体污染的分类和分级依据。

3. 超标倍数法

选取一些代表性污染物作为评价因子，将其与水体环境质量标准进行比较，用某污染物的超标倍数来说明水质污染程度，其计算公式如下

$$B=\frac{C_i}{S_i}-1$$

式中：B——水质超标的倍数；

C_i——i 中污染物的浓度；

S_i——i 中污染物的水体标准。

超标倍数法具有直观、简便的优点，适用于水体环境比较简单的情况。

二、城市生态环境规划目标的确定

城市生态环境规划目标是城市生态环境战略的具体体现，这也是城市生态环境规划的基本出发点和归宿，所以确定城市生态环境规划的目标至关重要。

（一）城市生态环境规划目标的概念

城市生态环境规划目标是指在一定条件下，通过城市生态环境规划所要达到的目标。这里的一定条件包括城市内的自然条件、物质条件、技术条件和管理水平等。有了城市生态环境规划目标，城市生态环境规划及其构建便有了明确的方向。在确定城市生态环境规划目标时应实事求是，制定具有可行性的目标，切忌好高骛远，脱离实际。

（二）城市生态环境规划目标的层次

城市生态环境规划目标一般可分为总体目标和具体目标两个层次。总体目标指城市生态环境要达到的境地；具体目标指依据总体目标针对各环境要素确定的目标，如水环境目标、大气环境目标等。

（三）城市生态环境规划目标确定的方法

城市生态环境规划目标的确定是城市生态环境规划中的一项重要内容，同时也是一项综合性非常强的工作，能够确定出科学、合理、具有可行性的规划目标将影响着城市生态规划工作的开展与实施。在确定城市生态环境规划目标时，可采用的方法有两种：经验判断法和最佳控制水平确定法。

1. 经验判断法

经验判断法是指根据国家和城市生态环境目标要求，结合目前的环境污染治理与管理水平以及环境污染预测的结果确定总的环境目标，然后再确定各环境因子的目标。其操作程序通常为：①结合城市生态环境现状应该达到的标准；②计算出达到标准应完成的污染物削减总量；③

结合污染物削减总量分析经济与技术的可行性；④反复进行调整，完善环境目标。

2. 最佳控制水平确定法

环境污染会对规划区的人体健康以及经济发展造成负面的影响，这种影响可以用污染损失费用来表示。为了控制污染，改善城市的生态环境条件，需要进行投资，这种投资可用污染控制费用来表示。一般而言，环境目标越高，需要的污染控制费越高，但污染费用过高又会加重城市的经济负担，所以并不是环境目标越高越好，还需要考虑污染控制费。从这一思路出发，也可以确定出规划区环境污染的最佳控制水平。

三、城市生态环境规划指标体系构建

城市生态环境规划指标是在城市生态环境调查的基础上，通过搜集与整理资料而建立起来的，包括社会、人口、经济、环境等指标。在实际的规划工作中，由于规划目的、要求、层次、范围、内容的不同，规划的指标存在差异，导致构建的指标体系也存在差异，所以在构建城市生态环境规划指标体系时，应结合实际情况，实事求是。

（一）城市生态环境规划指标体系的类别

城市生态环境指标体系是指由一系列相互联系、相互独立、相互补充的环境规划指标所构成的有机整体。根据规划指标在城市生态环境规划中作用的不同，可以将城市生态环境规划指标体系分为指令性规划指标、指导性规划指标和相关性规划指标三类。

1. 指令性规划指标

指令性规划指标主要指按照国家环境质量标准的要求必须完成的指标，如“三废”总量控制规划指标、“三废”治理规划指标。

2. 指导性规划指标

指导性规划指标是指区域可以自行决定在规划期内执行和完成的指

标。从其定义可知，指导性规划指标不具备强制性。

3. 相关性规划指标

有些指标既不是自然生态环境要素，也不是环境质量指标或环境污染指标，但这些指标对区域生态系统的结构与功能有重要影响，这些指标称为相关性规划指标。

（二）城市生态环境规划指标选取的原则

在选取城市生态环境规划指标时，应遵循如下几个原则。

1. 适量性原则

适量性原则指标体系的指标应适量，如果指标过多，会给规划工作带去困难；如果指标过少，又难以保证规划的科学性。

2. 规范性原则

规范性原则指标的含义、范围、量纲、计算方法具有较强的统一性或通用性，并且在较长的时间内不会发生太大的改变，或者可以通过规范化的处理使其可与其他类型的指标表达法进行比较。

3. 科学性原则

科学性原则指标能够准确地表征规划对象的内涵与特征，并能够反映规划对象的动态变化，同时具有可操作性、可分解性。

4. 适应性原则

适应性原则指标能够体现环境管理的运行机制，且与环境统计指标、环境监测项目相适应，以便于规划和实施检查。

（三）城市生态环境规划指标体系的构建

作者从环境质量指标、污染物总量控制指标、环境规划措施与管理指标以及相关性指标四个方面着手，构建了如表 5-1 所示的城市生态环境规划指标体系。

表 5-1　城市生态环境规划指标体系

一级指标	二级指标	三级指标
环境质量指标	水体环境	地表水 COD 平均值（mg/L） 饮用水源水质达标率（%）
	大气环境	TSP 年日均值（mg/m^3） SO_2 年日均值（mg/m^3）
	声学环境	交通干线噪声平均值 dB（A） 功能区环境噪声达标率（%）
污染物总量控制指标	水体污染物排放量指标	废水排放量（t/ 年） 工业废水排放量（t/ 年） 生活废水排放量（t/ 年） 工业生产 COD 排放量（t/ 年） 生活 COD 排放量（t/ 年）
	大气污染物排放量指标	燃煤烟尘排放量（t/ 年） 燃料燃烧 SO_2 排放量（t/ 年） 工业粉尘排放量（t/ 年） 工业生产 SO_2 排放量（t/ 年） 燃料燃烧废气排放量（t/ 年） 工业生产废气排放量（t/ 年）
	固体废弃物排放量指标	城市生活垃圾排放量 工业固体废物排放量
	大气污染治理指标	烟尘控制区覆盖率（%） 汽车尾气达标率（%） 工艺生产尾气达标率（%） 城市汽化率（%） 城市热化率（%） 民用型煤普及率（%）

续表

一级指标	二级指标	三级指标
环境规划措施与管理指标	水体污染治理指标	工业废水处理率（%） 工业废水排放达标率（%） 城市污水处理率（%） 万元产值工业废水排放量（t/ 年） COD 去除量（t/ 年）
	固体废物治理指标	工业固体废物综合利用率（%） 工业固体废物处理率（%） 生活垃圾处理及利用率（%）
	噪声治理指标	交通干线噪声达标率（%） 噪声控制小区覆盖率（%） 企业厂界噪声达标率（%）
	环境规划目标指标、管理指标、效益指标	—
相关性指标	经济指标	城市生产总值（亿元） 工业总产值（亿元） 各行业产值（亿元） 经济密度（亿元 /km²） 万元产值能耗（t/ 万元） 工业用水重复利用率（%）
	生态准备	土地利用面积（hm²） 水资源利用率（%） 森林覆盖率（%） 物种丰富度（%） 水土流失面积（hm²） 能源利用率（%） 绿地覆盖率（%） 人均公共绿地面积（hm²） 垃圾无害化处理率（%） 机动车尾气达标率（%）
	社会指标	人口总量（万人） 各区人口（万人） 人口密度及分布（万人 /km²） 人口结构指标 人口自然增长率（%）

四、城市生态环境预测

城市生态环境预测是指根据城市过去和当前的生态环境信息，运用现代科学技术与方法，对城市未来的生态环境的发展趋势进行预测。城市生态环境预测能够从生态环境未来发展趋势的角度为城市生态环境规划提供参考依据，所以也是城市生态环境规划中非常重要的一项内容。

（一）城市生态环境预测的主要内容

1. 环境污染预测

对整个城市的污染物总量进行预测，包括废气、废水、固体废弃物等，同时预测各种污染物在水体、大气、土壤等环境要素中的总量、浓度与分布变化，预测可能出现的新的污染。

2. 城市环境容量预测

根据环境质量标准与城市内环境污染状况预测城市环境容量的变化。

3. 环境治理与投资的预测

对污染物治理及其投资效果进行预测，包括对规划期内容的保护总投资、投资重点、投资比例等内容的预测。

4. 社会和经济发展预测

对规划期内城市人口总数、人口密度、人口分布进行预测，同时对经济社会发展可能带来的生态环境问题进行预测。

（二）城市生态环境预测的一般程序

在进行城市生态环境预测时，由于存在城市经济发展差异、城市生态环境现状差异，城市生态环境预测的步骤也存在一定的差异，所以必须要从实际情况出发确定城市生态环境预测的步骤。但一般而言，城市生态环境预测大都按照如图 5-1 所示的程序进行。

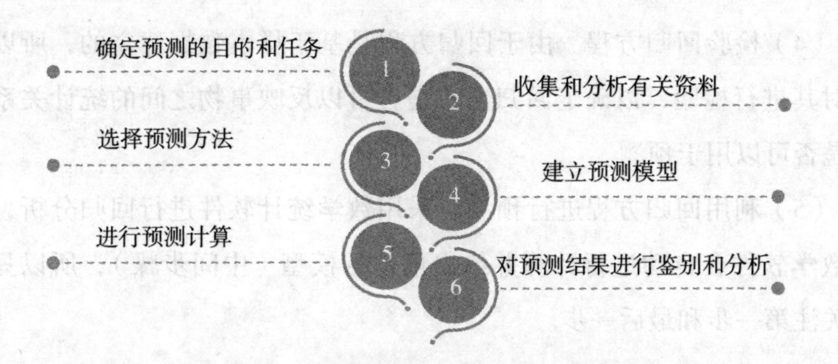

图 5-1　城市生态环境预测的一般程序

（三）城市生态环境预测的方法

城市生态环境预测的方法有很多，作者在此仅针对回归分析法和spearman 秩相关系数法两种方法进行阐述。

1. 回归分析法

回归分析法是一种应用非常广泛的统计分析方法，该方法可用于分析事物之间的统计关系，侧重观察变量之间的数量变化规律，并通过回归方程的形式描述和反映这种关系，帮助人们准确把握变量受其他一个或多个变量影响的程度，进而为预测提供科学依据。

回归分析法的步骤一般为：

（1）确定回归方程中的解释变量和被解释变量。在运用回归分析法时，首先需要做的就是确定哪些变量是解释变量（通常记为 x），哪些变量是被解释变量（通常记为 y），然后建立 x 与 y 的回归方程。

（2）确定回归模型。根据函数拟合方式，通过观察散点图确定应通过哪种学术模型来概括回归线。如果解释变量和被解释变量存在线性关系，则建立线性回归模型；如果解释变量与被解释变量存在非线性关系，则构建非线性回归模型。

（3）建立回归方程。在一定的统计拟合准则下，依据前面收集到的数据与建立的模型，估计出模型中的各个参数，建立回归方程。

（4）检验回归方程。由于回归方程是基于样本数据建立的，所以需要对其进行检验，以确定回归方式是否可以反映事物之间的统计关系以及是否可以用于预测。

（5）利用回归方程进行预测。采用数学统计软件进行回归分析，由于数学软件会自动进行计算并给出最佳的模型（中间步骤），所以只需要关注第一步和最后一步。

2.spearman 秩相关系数法

趋势分析可采用污染变化趋势定量分析法——spearman 秩相关系数法进行检验。其公式为

$$r_s = 1 - \left[6\sum_{i=1}^{N} d_i^2 \right] / \left[N^3 - N \right]$$

式中：d_i——变量 x_i 和变量 y_i 的差值；

N_i——周期 1 到周期 N 按浓度值从小到大排列序号。

将秩相关系数 r_s 的绝对值同 spearman 秩相关系数统计表中的临界值 W_p 进行比较，当 $|r_s| \geqslant W_p$，则表明变化趋势有显著意义：如果 r_s 是负值，则表明在评价时段内有关统计量指标变化呈下降趋势或好转趋势；如果 r_s 为正值，则表明在评价时段内有关统计量指标变化呈上升趋势或加重趋势。当 $|r_s| \leqslant W_p$ 则表明变化趋势没有显著意义，说明在评价时段内有关统计量指标无明显变化。

五、城市生态环境规划方案设计

在城市生态环境规划中，城市生态环境规划方案设计是最重要的一项内容，其设计流程如下。

第一步：拟定环境规划草案。结合城市生态环境目标以及环境预测的结果，同时充分考虑城市发展的现状，结合城市以及各部门的财力、物力情况，初步拟定出城市生态环境规划方案。在拟定规划方案时，可

同时拟定多个，以备择优。

第二步：筛选环境规划方案。环境规划人员和专家对拟定的多个环境规划方案进行分析和论证，从中筛选出最佳的方案。在筛选方案时，应进行综合性的分析，不能只着眼于城市生态环境建设，还需要考虑经济效益和社会效益，筛选出综合效益最高的方案。

第三步：形成最终的环境规划方案。对筛选出的城市生态环境规划方案做进一步的论证，如果论证结果不理想，需对其进行调整、修正或补充，形成最终的城市生态环境规划方案。

第二节　城市生态环境规划可操作性提升策略

在对城市生态环境进行规划时，如何提高其可操作性是需要规划人员思考的一个问题，这影响着规划方案实施的成效。结合对城市生态环境规划的认识，作者认为可以三个方面来思考提升城市生态环境规划的可操作性，如图 5–2 所示。

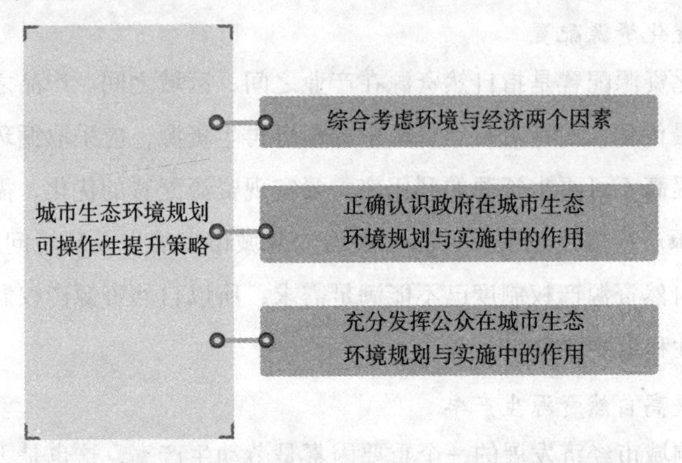

图 5–2　城市生态环境规划可操作性提升策略

一、综合考虑环境与经济两个因素

在前面针对城市生态环境规划内容进行论述时，作者便提及了环境与经济协调发展的重要性，这也是提高城市生态环境规划可操作性的一个有效策略。因为就城市发展而言，环境与经济是两个重要的支撑，如果只重视生态环境建设，城市整体发展便会受到影响，生态环境建设也会因此受到影响。其实，无论是城市生态环境建设，还是城市经济发展，追求的都是可持续效益，而只有两者实现协调发展，才有助于这一目标的实现。所以，无论从哪个角度来看，在进行城市生态环境规划时，都需要综合考虑环境与经济两个因素。至于如何实现环境与经济的协调发展，作者认为可以立足于城市经济发展的两端：自然资源投入和污染物排放，从这两个方面进行分析。

（一）自然资源投入角度的思考：走资源节约化道路

资源节约化是指集约式地开发和利用自然资源，改善自然资源的投入结构，提高自然资源的利用效率，从而在保证经济发展的基础上，实现资源的可持续开发利用。资源节约化可以从如下三个方面着手。

1. 优化资源配置

优化资源配置是指自然资源在产业之间、区域之间、产品之间的配置实现最优化，而针对自然资源中的不可再生资源，应采取循环利用的方式，提高不可再生资源的利用率。要实现资源配置的优化，需要进行自然资源产权制度的变革，因为就当前的城市发展以及环境问题来看，传统的自然资源产权制度已不能满足需求，所以自然资源产权制度改革的必要性和重要性愈加突出。

2. 提高自然资源生产率

影响城市经济发展的一个重要因素是劳动生产率，这也是人们比较关注的一个领域。而要实现经济与环境的协调发展，除了关注劳动生产率外，还需要关注自然资源生产率，提高自然资源的利用率。自然资源生产率的提高主要依靠两个途径：一是制度的创新，提高自然资源的配置效率；二是科学技术的发展，提高自然资源的使用效率。

3. 调整资源投入结构

自然资源有可再生资源和不可再生资源之分。可再生资源能够持续开发和利用；而不可再生由于受到资源储量的限制，不能实现可持续的开发和利用。如果城市经济发展过度依赖不可再生资源，其经济发展的可持续性将受到影响，而且过度开发不可再生资源，也会对环境造成负面的影响。因此，应调整资源的投入结构，加大对可再生资源的开发与利用，这对于促进城市经济与环境的协调发展具有非常重要的意义。

（二）*污染物排放角度的思考：加强对污染物排放的管理*

污染物排放是导致环境问题的一个重要原因，所以要改善环境问题，还需要加强对污染物排放的管理。当然，这里的加强并不是无限制地加强，因为很多经济活动都不可避免地导致污染物的排放，如果限制过大，又会影响城市的经济发展。而我们追求的是经济和环境的协调发展，所以既不能无视经济活动所导致的污染物排放及其导致的一系列的环境问题，也不能无视经济发展，对污染物排放问题进行“一刀切”。至于如何权衡两者之间的度，作者认为可以以国家或各城市制定的污染物排放标准为依据，如果超过了排放标准，则加大对企业的惩治力度。其实，就污染物排放来说，管理并不是目的，在保证经济发展的基础上，能够降低污染物的排放，从而降低经济活动对环境的影响才是目的。因此，在加强对污染物排放管理的基础上，企业还应该从能源和技术层面着手，大力发展清洁能源，注重投入和研发绿色生产技术，并进行推广应用，从根本上减少污染物的排放量。

二、正确认识政府在城市生态环境规划与实施中的作用

（一）政府在城市生态环境规划中的作用

政府指的是国家治理和管理，具有权威性。在城市生态环境规划中，政府的职责主要包括如下几点：①主持城市生态环境规划相关工作；②为公众提供相关的信息；③协调各方利益，确保城市生态环境规划工作的正常进行；④参与最终规划方案的决策。从上述政府职责的论述可知，在城市生态环境规划中，政府虽然处于主导地位，负责主持、引导和协调，但并不是唯一的决策者，公众也应参与其中，这是所有人都应该认识到的。虽然我们强调公众的参与，但相关工作的主导权还是应该由政府掌握，因为城市生态环境规划的实施是一项复杂的工程，很难在短期内完成，应有一个主持者自始至终把握大局，以确保相关工作稳步有序地实施。此外，在城市生态环境规划的过程中，也容易出现各方利益不协调的情况，这需要政府从中协调，以确保相关工作的顺利开展。

（二）政府在城市生态环境规划实施中的作用

在城市生态环境规划实施的过程中，政府同样发挥着非常重要的作用。虽然城市生态环境规划的实施已经不属于规划的阶段，但其可操作性是通过实施阶段来体现的，所以要提高城市生态环境规划的可操作，也需要着眼于城市生态环境规划的实施阶段，并从实施阶段中的一些因素做出思考。具体而言，在城市生态环境规划的实施阶段，政府发挥的作用主要体现在如下两个方面。

第一，对经济活动进行适度的干预。经济和环境之间有着密切的联系，所以作者在此处提及的干预并不是单纯针对经济活动而言的，而是针对一些对环境有影响作用的经济活动而言的。另外，作者此处提及的干预也是指适度的干预，因为当前我国的经济环境是市场经济，政府不能对市场干预过多，这样反而会得不偿失。政府对经济活动的适度干预

主要包括两种形式：促导和强制。促导是指通过一些经济行为来影响企业的行为，在环境保护方面主要表现为通过优惠贷款帮助企业修建防治污染设施；通过征收排污费来促使企业减少污染物的排放；通过加税促使企业减少、停止使用会严重污染环境的生产工艺；通过优惠政策促使企业研发清洁生产工艺等。强制则是指政府使用行政权力对企业的行为进行管理和限制，在环境保护方面主要表现为达限期治理、停业、关闭的决定；审核和颁发环保许可证；禁止和查处环境违法行为；下达限期淘汰严重污染环境的生产工艺等。

第二，对环境污染行为进行预先控制。环境保护的方法通常有事前控制和事后弥补两类，相比较而言，后者不仅环境治理费用昂贵，而且有些环境被破坏之后很难恢复如初。因此，在环境保护领域，很多人都认同“治不如防”的理念。在环境污染行为的预先控制上，政府发挥着非常重要的作用。政府可以通过制定污染物排放标准，对企业污染物排放进行控制；通过实施环境影响评价制度，在一定程度上减少新污染的产生；通过对企业生产经营活动的监督，减少企业环境污染行为；通过颁发排污许可证，对企业排污总量进行控制；等等。

三、充分发挥公众在城市生态环境规划与实施中的作用

（一）公众在城市生态环境规划中的作用

城市生态环境规划的最终落脚点是人，即社会公众。所以在进行城市生态环境规划的过程中，规划者需要充分认识到社会公众参与的重要作用，并使公众参与贯穿城市生态环境规划的全过程，从而使城市生态环境规划成为一项公开性的、公众广泛参与性的社会活动。通过这种方式制定出的城市生态环境规划不仅符合公众的利益，也有助于在公众的支持下更有效率地实施。此外，通过公众的参与，还能起到一定的教育作用，提高公众的环保意识。具体而言，公众在城市生态环境规划中的

作用主要体现在如下两个方面。

第一，参与城市当前生态环境问题的界定。在对城市生态环境进行规划时，一个前提工作就是确定城市当前的生态环境问题，而确定生态环境问题的一个有效途径就是对城市生态环境进行调查，相关内容作者在本章第一节中也进行了论述。通过调查我们可以得到各种环境要素的数据，但数据和公众感受之间并不总是一一对应的，所以为了进一步了解公众的感受，作者认为还需要对公众进行调查。如果说数据提供的是客观依据，那么公众提供的便是主观依据，从两者出发，进行充分的考虑，有助于提高决策的科学性和公众接受度。因此，在对城市生态环境问题进行界定时，还需要参考公众的意见，这也是公众参与城市生态环境规划的一个重要作用。

第二，参与城市生态环境建设目标的制定。与城市生态环境问题的界定相同，城市生态环境目标的制定也需要考虑公众的意见，因为城市生态环境规划的一个目的就是提高公众生活满意度，而如何才能提高公众生活满意度，不能只以数据为依据，还需要倾听公众的声音。

（二）公众在城市生态环境规划实施中的作用

在城市生态环境规划实施的过程中，公众所发挥的作用同样不能忽视，至于其与城市生态环境规划的逻辑关系，同前面分析政府作用的逻辑关系相同，作者在此便不再赘述。公众在城市生态环境规划实施中的作用，则主要体现在如下几个方面。

1. 作为城市生态环境规划的实施者参与规划的实施

在实施城市生态环境规划的过程中，很多地方都需要公众的参与，所以公众本身就是城市生态环境规划的实施者。比如，在倡导垃圾分类时，每一个公众都是参与者，只有做到全面参与，垃圾分类目标才能实现。除了以个体的形式参与外，公众还会以企业成员的形式参与城市生态环境规划的实施。无论公众以哪种形式参与城市生态环境规划的实施，他们都应认识到自己作为实施者的作用，通过自身行为推动城市生态环境规划的实施。

2. 监督作用

公众除了发挥自己作为实施者的作用外，还需要发挥监督者的作用，即监督城市生态环境规划的实施。在城市生态环境规划实施的过程中，政府是最权威的监管部门，但有时很难做到无时无刻地监督，而且有些细节也容易忽略，而公众生活在城市的各个角落，可以做到对城市生态环境规划落实的全方位监督，所以政府可以发挥公众的力量，让每一位公众都成为城市生态环境规划实施的监督者，从而在全民的监督下有效推动城市生态环境规划的实施。

（三）为公众参与城市生态环境规划与实施中提供通畅的途径，以确保公众作用的充分发挥

无论是要发挥公众在城市生态环境规划过程中的作用，还是发挥公众在城市生态环境规划实施过程中的作用，有一点至关重要，那就是为公众的参与提供畅通的途径；否则公众即便有参与的意向，也很难真正参与进来。

1. 建立城市生态环境信息公开制度

作者此处所指的城市生态环境信息包含的内容非常广泛，既包括任何关于大气、土壤、水体、动物、植物和自然现场状况，以及对其有负面影响或可能会造成负面影响的活动或措施的书面、视、听或数据库等形式的所有信息，还包括关于设计保护它们的行动或措施，如行政措施和环境管理项目。就城市生态环境建设而言，政府和企业在获得相关信息方面处于优势地位，如果政府和企业对这些信息采取封闭的态度，那么公众便无法获取准确、全面的信息，这会影响公众的判断，并导致合作的失效，进而导致公众参与机能的失效。因此，要想使公众参与的机

能得到充分发挥，政府便需要建立城市生态环境信息公开制度，将政府掌握的以及企业掌握的城市生态环境相关的信息向公众开放。

其实，从国家层面来看，我国早在2007年便公布了《环境信息公开办法（试行）》（以下简称《办法》），并于2008年5月1日起正式施行。这是政府部门发布的第一部有关信息公开的规范性文件，也是第一部有关环境信息公开的综合性部门规章。《办法》将强制环保部门和污染企业向全社会公开重要环境信息，为公众参与污染减排工作提供平台。自《办法》公布和实施之后，国家一直都非常重视环境信息的公开工作，并出台了一系列的文件。比如，为了依法推动企业强制性披露环境信息，中国生态环境部办公厅制定了《环境信息依法披露制度改革方案》（以下简称《方案》），并于2021年5月24日正式印发。《方案》落实了四项主要任务：①建立健全环境信息依法强制性披露规范要求；②建立环境信息依法强制性披露协同管理机制；③健全环境信息依法强制性披露监督机制；④加强环境信息披露法治化建设。同时，提出了三项实施保障：①落实地方责任；②形成部门合力；③细化工作安排。政府颁布的一系列文件为公众参与国家生态环境建设提供了保障。

具体到城市生态环境规划上，关于公众参与，目前还没有相关的政府文件，虽然在前面提到的一系列文件的保障下，公众也可以参与到城市生态环境规划及其实施上，但如果政府能够在国家文件的指导下制定更具针对性的制度，将更有助于提高公众参与的积极性，进而获得更大的社会效益。

2. 确立公众参与的主体地位

获取城市生态环境规划相关信息只是公众参与的第一步，在此基础上，还需要确立公众参与的主体地位，从而让公众真正参与进来。要真正确立公众参与的主体性，不能只停留在宣传上，而是要形成有效的组织形式，从而通过组织发挥公众的作用。当前，社会上其实已经形成了很多环境保护组织，这些环境保护组织在城市的生态环境规划中发挥着非常重要的作用，但并不是所有人都能够参与到环境保护组织中。为了进一步扩大公众的参与度，进一步体现公众参与的主体地位，作者认为可以以社区（或村庄、街道）为单位，组织群众性的环境保护组织。通过在社区（或村庄、街道）范围内组织群众性的环境保护组织，可以最大范围地覆盖城市中的每一位居民，作为社区（或村庄、街道）中的一分子，都可以发表自己的意见，提出自己的诉求，然后通过组织中的代表，将公众的声音反映给政府，进而真正实现全民参与。

第三节　城市生态环境的构建

关于城市生态环境构建，不同城市由于生态环境的不同，构建的内容和侧重点也存在差异。但普遍来看，城市生态环境的构建可以从“三治理”“一建设”“一处理”着手，如图 5-3 所示。

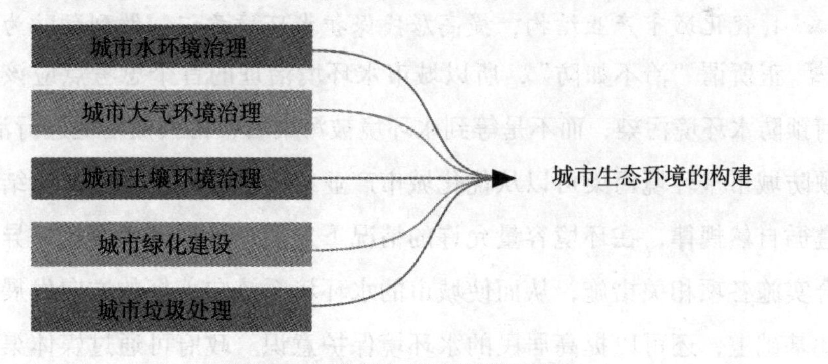

图 5-3　城市生态环境的构建

一、城市水环境治理

（一）城市水环境污染

随着城市的快速发展，城市工业用水量和生活用水量不断增加，而处理好工业废水、生活废水，以确保城市居民的用水安全，是城市生态环境构建的一项重要任务。城市水环境主要包括地表水环境和地下水环境。通常地表水环境更容易被污染，因为工业废水、生活污水等大多排放到地表水环境中，如果排放超量，或者处理不当，超过了城市的自净能力，便会导致城市地表水环境出现有机化、富营养化、重金属化等问题。而当污染物渗透到城市地下水环境后，便会污染城市地下水环境。相比较地表水环境而言，地下水环境治理难度更大，因为污染源不易确定，且污染物的影响比较持久。无论是地表水环境污染，还是地下水环境污染，都会对城市居民的用水安全造成影响，同时也会影响城市的生态环境。

（二）城市水环境治理

水环境污染是影响城市生态环境的一个重要因素，所以要构建良好的城市生态环境，必须要对城市水环境进行治理。具体而言，城市水环境治理可以从如下三个方面做出思考。

1. 优化城市产业结构，提高居民保护水环境意识，做到预防为先

正所谓“治不如防”，所以城市水环境治理的首个思考点应该是如何预防水环境污染，而不是等到水环境被污染后，再去被动地进行治理。预防城市水环境污染可以从优化城市产业结构着手。合理的产业结构应遵循自然规律，在环境容量允许的情况下发展，根据环境容量差异，配合实施各项相关措施，从而使城市的水环境系统向着好的方向发展。在此基础上，还可以提高居民的水环境保护意识。政府可通过媒体渠道加强保护水环境相关内容的宣传，向居民传达水污染对生态环境以及人类身体健康的危害，让居民认识到保护水环境的重要性。当居民保护水环境的意识被唤醒之后，居民不仅可以自我约束，还可以监督城市中的一些水污染行为，从而共同推动城市水环境系统向着好的方向发展。

2. 合理控制城市项目建设，减少排污量

城市项目建设对城市发展起着重要的作用，但过度的城市项目建设会使排污量增加，进而对城市的生态环境造成污染，其中包括对城市水环境、土壤环境和大气环境。由此可见，控制城市项目建设不仅有助于城市水污染治理，还有助于城市大气环境和土壤环境的治理。至于如何才算是合理的控制，作者认为应该把控好质量关，严格控制项目的质量，对于一些低质量的项目不予审批，尤其严格控制水域周围的城市项目建设。

3. 完善城市水环境治理体系

城市水环境治理体系的完善与否在很大程度上影响着城市水环境治理的成效，所以各城市应针对自己的城市水环境治理体系进行全面的调研，排查出城市水环境治理的薄弱环节或与相关规划脱节的地方，然后进行完善。与此同时，针对城市水环境系统的不同特点对其重新进行功能定位，分析其与城市规划在哪些方面有关联，加强水体空间保护规范的制定，使城市建设中涉水设施布局尽量优化和协调。

二、城市大气环境治理

（一）城市大气环境污染

1. 城市大气环境污染的概念及主要污染物

城市大气环境污染通常指由于自然活动或人类活动引起某些物质介入大气环境中，呈现足够的浓度，且持续了足够的时间，并因此危害了城市生态环境与人类健康的现象。大多数情况下，城市大气环境污染是人类活动导致的，而人类活动产生的污染物多种多样，并且随着人类社会的发展，主要污染物的类型也在发生变化。表 5–2 列出了我国不同时期城市大气环境中的主要污染物。

表 5-2　我国不同时期城市大气环境中的主要污染物

时间	主要污染物
1949 ～ 1990 年	二氧化硫、悬浮物、PM10
1991 ～ 2000 年	二氧化硫、悬浮物、氮氧化物、PM10
2001 ～ 2010 年	二氧化硫、氨、挥发性有机化合物、氮氧化物、PM2.5、PM10
2011 年至今	一氧化碳、二氧化硫、氮氧化物、氨、挥发性有机化合物、PM2.5、PM10

2. 城市大气环境污染的主要原因

导致城市大气环境污染的因素主要有两个：一个是自然因素，另一个是人为因素。由于更多情况下是人为因素导致的城市大气环境污染，所以在此仅针对人为因素进行分析。

（1）城市工业生产。就当前城市工业发展现状来看，还不能大范围地使用清洁能源，而石油等工业燃料的使用，不可避免地会产生有害气体、悬浮颗粒，从而造成一定程度的城市大气污染。

（2）城市燃烧取暖。煤是城市燃烧取暖的主要原料，而在煤燃烧的过程中，会产生二氧化碳等有害气体，从而造成一定程度的城市大气污染。

（3）城市交通运输。随着人们生活水平的提高，城市中私家车的数量越来越多，虽然私家车方便了人们的出行，但数量众多的汽车也排放出了大量的尾气，这些尾气中包含着二氧化碳、一氧化碳、一氧化氮等有害气体，不仅污染了城市大气环境，也不利于人们的身心健康。

（二）城市大气环境治理

大气环境污染危害巨大，所以如何治理并维持良好的城市大气环境，是城市生态环境构建的一项重要内容。具体而言，城市大气环境治理可以从如下三方面着手。

1. 控制有害气体排放

通过前面的论述可知，有害气体排放是导致城市大气环境污染的主要原因，所以控制有害气体排放也是城市大气环境治理的首要举措。针对工业生产造成的大气环境污染，政府应鼓励企业进行工艺改造，降低能耗大、污染重生产工艺的比例，倡导清洁生产。针对城市交通造成的大气环境污染，政府应鼓励车企大力发展新能源车（如当前已经逐渐普及的电车），减缓随着私家车数量增加而导致的城市大气环境污染。

2. 重视城市绿化建设

植物具有净化空气的作用，不仅能够吸收城市大气环境中的有害气体，还能够释放出大量的氧气，从而改善城市大气环境质量。因此，在城市生态环境构建中，应重视城市绿化建设。由于相关内容作者在后面会有详细论述，在此便不再赘述。

3. 加强城市大气环境质量监测

城市大气环境治理是一项复杂的工作，需要在了解多方面信息的基础上开展，其中一个重要的信息就是城市大气环境过去一段时间以及当前的状况，从而为治理措施的制定提供依据。此外，在治理的工程中，也需要对城市大气环境进行实时监测，以便随时了解治理的效果，并结合治理效果调整治理措施。由此可见，无论从哪个角度而言，都需要重视起城市大气环境监测这项工作。

三、城市土壤环境治理

（一）城市土壤环境污染

1. 城市土壤环境污染的概念与类型

城市土壤环境污染指具有生理毒性的物质进入城市土壤环境而导致城市土壤被污染的一种现象。城市土壤环境污染主要包括物理污染、化学污染和生物污染三种类型，其中，化学污染是最普遍的一种，如有机农药、化学肥料、有机废弃物等污染物造成的土壤环境污染都属于化学污染的类型。

2. 城市土壤环境污染的原因

导致城市土壤环境污染的原因有很多，其中工矿业污染物排放、城市生活垃圾、生活废水排放以及农业投入品的不合理使用，是导致城市土壤环境污染的三个重要原因。

（1）工矿业污染物排放。工矿业在生产过程中，不可避免地会产生一些污染物，如金属冶炼过程中会有部分粉尘降落到土壤中，导致土壤发生重金属污染。

（2）城市生活垃圾、生活废水排放。城市聚集了大量的人口，而大量人口会带来大量生活垃圾、生活废水的排放，如果处理方式不当或者处理不到位，生活垃圾和生活废水中的一些污染物也会渗透到城市土壤中，进而造成土壤环境污染。

（3）农业投入品的不合理使用。此处所指的农业主要指分布在城市郊区的农业。在农业生产过程中，一些投入品的不合理使用也会导致城市土壤的污染，如化肥、农药的不合理使用，会破坏土壤的结构，导致土壤酸化或碱化，这不仅影响农业生产，还会影响城市生态环境，影响人们的身体健康。

3. 城市土壤环境污染的特征

相较于城市水污染和大气污染，城市土壤环境污染具体如下几个突出特征。

（1）城市土壤环境污染具有较强的隐蔽性。大气污染和水体污染通常能够通过人类的感官比较直接地察觉到，但土壤环境污染却具有较强的隐蔽性，我们仅仅通过观察土壤的表面很难判断土壤是否遭受了污染，只有通过专业的样品分析，才能确定土壤是否遭受了污染。正是因为土壤环境污染存在较强的隐蔽性，所以不容易被人们察觉到，也不太容易受到人们的重视。

（2）有些类型的城市土壤环境污染具有不可逆转性。有些类型的城市土壤环境污染一旦发生，便会成为“永久性”的污染，通常需要很长的时间才能将污染物分讲解。

（3）城市土壤环境污染具有积累性。污染物在土壤中不容易发生扩散，会积累在某个区域内，所以土壤环境污染往往具有一定的地域性。

（二）城市土壤环境治理策略

土壤环境污染是影响城市生态环境的一个重要因素，所以要构建良好的城市生态环境，必须要对城市土壤环境进行治理。具体而言，城市土壤环境治理可以从如下几个方面做出思考。

1. 构建科学的土壤环境治理方案

城市土壤环境治理是一项非常复杂的工程，为了提高治理水平，保证治理效果，需要有科学的土壤治理方案作为指导。因此，在正式开展城市土壤环境治理工作之前，需要先对城市土壤环境的污染情况进行调查，然后再制定与之相适配的、科学的土壤环境治理方案。城市土壤环境治理方案应尽可能地精细化，既要包含城市土壤环境治理的目标和主要任务，还要包括治理的具体的措施，并且将治理的责任进行明确的划分，以避免出现责任不清、工作落实不到位的情况。需要注意的是，在按照治理方案开展的工作的过程中，需要秉承实事求是的原则，即具体问题具体分析，如果有必要，则对治理方案进行适当调整，以更好地解决实际问题。

2. 优化城市土壤环境治理组织体系

相较于水环境污染和大气环境污染治理，城市土壤环境污染治理的速度是比较缓慢的，这与土壤环境污染的性质有关，所以为了使城市的土壤环境污染治理能够持续有效地进行，需要优化城市土壤环境治理的组织体系。至于如何优化，作者认为应避免依赖单一部门，而是要发挥与之有关的各个部门的作用，使各部门之间有机协调起来，并制定科学的合作机制，从而在相对完善的组织体系的作用下提高城市土壤环境质量的成效。

3. 采用先进的土壤修复技术

在城市土壤环境治理体系中，土壤修复也是一项重要的内容，因为有些土壤已经遭受了严重的污染，如果能够对其进行修复，便可以使这些土壤重新发挥作用。随着科学技术的发展，科学家们已经发明了一些卓有成效的土壤修复技术，但修复成本也比较高，而且在使用先进技术修复城市土壤环境时，也需要贴合实践环境，所以该策略的使用不能盲目，而是要结合实际，做到实事求是。

四、城市绿化建设

（一）城市绿化建设的作用

城市绿化建设作为城市生态环境构建的重要内容之一，其作用突出体现在如下五个方面。

1. 改善城市小气候

小气候通常指从地面到 100 m 高度空间内的气候。小气候区域是人类生活的主要空间，其气候条件对人类的生活和生产都会产生重要的影响。城市绿化对城市气候的调节作用主要体现在对小气候的调节上，具体则体现在三方面：①调节气温。城市中的树木能够吸收和反射太阳辐射，同时植物蒸腾可以吸收一定的热量，所以在夏日，有绿化的地方要比没有绿化的地方气温较低。②增加湿度。城市中植物的蒸腾作用不仅可以吸收热量，同时还可以增加城市的湿度。③通风防风。城市中的带状绿地是城市的通风渠道，尤其当绿地方向与夏季主导风的风向一致时，可以将城市郊区的风引入城市中心，从而使整个城市的空气得以流通。而城市中的一些林带可以起到防风的作用，减少大风对城市带来的危害。

2. 维持氧气和二氧化碳的平衡

在城市中，工业生产、人类和动物的呼吸都会释放出二氧化碳，如果空气中二氧化碳含量过高，就会对人体产生危害，所以维持城市中氧气和二氧化碳的平衡非常重要。大气中的氧气，超过一半是植物光合作用产生的，而植物的光合作用不仅会产生氧气，还会消耗二氧化碳，正是在“消耗”与“产生”的过程中，使得城市氧气和二氧化碳的平衡得到了维持。

3. 减少噪声污染

城市绿化建设中的各种绿地都是良好的吸音板，如果能够在城市中合理地布置绿地，可以有效地吸收一些噪声，从而减少噪声污染。不同类型绿地对噪声污染的降低作用也存在差异，一般分枝点低的乔木与矮灌木和草坪相结合的绿地，对噪声污染的降低作用最为明显。

4. 保护物种的多样性

在城市中，绿地是很多生物栖息的场所，它们为城市物种的多样性创造了有利的条件。虽然说城市属于高度人工化的生态系统，但如果能够维持物种的多样性，对于整个城市的生态环境而言也是具有重要意义的。

5. 美化城市景观

城市绿化建设可以起到美化城市景观的作用。在城市绿化建设中，花、草、树、木等植物具有多种多样的色彩和姿态，可以美化城市的每一个角落，使城市呈现五彩缤纷的景色。对于生活在城市中的居民来说，美丽的景观有助于缓解他们生活的压力，使他们在城市中也能够享受到田园般美丽的景色。

（二）城市绿化建设的科学策略

1. 以可持续发展理论指导城市绿化建设

城市绿化建设应该是一件功在当代、利在千秋的伟大事业，而不是一件只着眼于短期利益的事业，所以在进行城市绿化建设时，应以可持续发展理论为指导。关于可持续发展理论，作者在前面已有论述，是指既能够满足当代人的需求，又不危害后代人的利益。落实到城市绿化建设中，作者认为还应该再加上一点，即同时能够造福于后代人。因此，在进行城市绿化建设时，应做好长远打算，进行远景规划，使城市绿化系统建设能够长期发挥作用。这样也有助于减少人力、财力、物力的重复投入，对于缓解政府财政压力也具有一定的意义。

2. 城市绿化建设应因地制宜

城市绿化建设中的因地制宜主要体现在两个方面。一方面，不同城市在气候、地形上可能存在差异，而不同的气候、地形使得城市的绿化建设也存在一定的差异，所以在进行绿化建设时，应充分考虑城市的气候与地形。比如，东北地区由于低温较低，在选择植物时，应选择一些比较耐寒的植物。另一方面，就城市内部而言，城市建设的绿地也有不同的类型，如公园绿地、防护绿地、生产绿地、附属绿地等，针对不同类型的绿地建设，也需要做到因地制宜，结合绿地建设需要选择适宜的植物。

3. 加强城市绿化养护

城市绿化建设不能只停留在“建”的层面上，还需要加强对城市绿化的养护，这样才能维持城市绿化建设的成果，使城市绿化建设长期发挥作用，这一点也与可持续发展的思想相契合。城市绿化养护工作需要有完备的技术规范、管理标准，要抓好养护工作的各个环节，必须制定完整、详细的养护管理措施。此外，还要加强对相关人员的专业技术培训，制定相应的培训措施，提高养护管理技术水平，从而使城市绿化的养护管理工作向更高的水平迈进。

五、城市垃圾处理

（一）城市垃圾的有效处理

随着城市规模的逐渐扩大，城市垃圾总量也在不断增加，如果不能有效处理城市垃圾，不仅会影响城市的生态环境，也会威胁人们的身体健康。因此，有效处理城市垃圾也是城市生态环境建设的重要内容之一。城市垃圾的有效处理可以从如下几个方面进行思考。

1. 垃圾分类是前提

对垃圾进行分类是有效处理城市垃圾的一个重要前提，因为不同类型的垃圾有不同的处理方法，如果不能进行有效的分类，将会增加垃圾处理的难度。我国从2020年开始正式实施垃圾分类的政策，虽然至今已经取得了一定的效果，但仍旧有很多人存在垃圾分类意识不足的问题，这是影响城市垃圾分类成效的一个重要原因。因此，政府以及一些媒体应加大对垃圾分类的宣传，普及相关方面的知识，使更多人形成垃圾分类的意识，从而为城市垃圾的有效处理奠定坚实的基础。

2. 科学的焚烧和填埋

在城市垃圾处理方式中，焚烧和填埋是非常高效的两种方式，同时也是使用较为普遍的两种方式。不可否认，这两种方式不属于绿色化的城市垃圾处理方式，但就当前的技术而言，这两种方式又是不可或缺的，所以需要采取尽可能科学的方式，以最大限度地降低两种城市垃圾处理方式对生态环境的影响。在采取填埋的方式时，应科学选取城市垃圾填埋的地点，避免因为垃圾填埋污染城市地下水。另外，这两种方式也存在一定的危险性，如焚烧时可能会引起火灾，所以要加大管理力度，避免事故的发生。

3. 微生物处理垃圾

对于城市垃圾中的有机垃圾，可采取微生物处理的方式，将垃圾进行生物降解或生物转化，从而实现资源的再利用。在大自然中，很多微生物都具备生物降解的功能，微生物垃圾处理便是基于微生物的这一特性得以实现的。目前比较常用的微生物垃圾处理方式有两种：一种是利用好氧生物在有氧的条件下使有机物降解并稳定化的生物处理方法；另一种是利用厌氧生物在无氧的条件下的代谢活动，将有机物转化为各种有机酸、醇、CH_4、NH_3 等。和传统的垃圾处理方式相比，使用微生物处理城市垃圾不仅能保护环境，还能实现资源再利用，更加符合现代绿色环保理念，也更加符合可持续发展的思想。

（二）城市垃圾的利用

从某种程度上来看，利用其实也看作是处理的一部分，只不过这种处理方式使城市垃圾得以发挥更大的作用。根据城市垃圾类型以及用处的不同，城市垃圾的利用有如下几个途径。

1. 废旧塑料的利用

城市中常见的废旧塑料有很大一部分是可以回收利用的，尤其是随着科学技术的发展，废旧塑料回收利用的效率也在不断提高。比如，通过裂解再加工的方式，可以利用废旧塑料生产润滑油、油漆、塑料薄膜、液化气等。

2. 废纸利用

我国是人口大国，对纸张的需求量很大。纸张制造的原材料是植物纤维，而植物纤维是从木材中提取的，所以为了满足巨大的用纸需求，往往需要砍伐大量的木材。通常废纸的回收利用率在 80%，即使用 1 t 废纸可以制造出 0.8 t 的好纸，所以如果能够有效地回收利用废纸，将可以节约大量的木材。

3. 废旧金属利用

在城市垃圾中，废旧金属的占比虽然较低，但其回收率却很高，有些甚至可以高达90%。与从矿石中冶炼金属相比，将废旧金属重新冶炼成新的金属，不仅可以节约成本，还可以减少污染物的排放。由此可见，回收利用废旧金属可以产生较大的综合性的效益。

4. 废旧玻璃利用

同废旧金属的回收利用相同，将废旧玻璃重新进行回炉制造，比使用原材料生产新的玻璃具有更高的综合效益，所以废旧玻璃回收也非常有必要。

5. 城市垃圾发电

使用城市垃圾发电是一种综合利用的方式，主要是将城市垃圾制造成颗粒垃圾燃料，然后运用循环流化床锅炉发电。这种方式虽然能够产生较好的经济效益，但燃烧垃圾燃料也相应地产生了有害气体，所以需要在技术或工艺上持续地加以改进，以降低垃圾燃料燃烧排放的有害气体。

第四节　城市生态环境监测

为保护城市生态环境，必须对城市生态环境特点、演化趋势以及存在的问题建立一套相匹配的动态监测体系，这便是城市生态环境监测。城市生态环境监测是监督、检查污染物排放和环境标准实施情况，正确评价生态环境质量，验证新的环境科技及其标准化研究必不可缺的基础工作。因此，在针对城市生态环境进行规划与构建之后，还需要针对城市生态环境进行监测。在本节中，作者将针对相关内容进行论述。

一、城市生态环境监测的类型

依据不同的分类标准，城市生态环境监测可分为不同的类型。目前，常见的分类标准有监测目的和监测介质两个。

（一）依据监测目的分类

依据监测目的进行分类，可将城市生态环境监测分为监视性监测、研究性监测和特定目的监测。

1. 监视性监测

监视性监测是指对有关项目进行定期的、长时间的监测，主要包括对污染源的污染物浓度、排放总量、污染趋势等的监督监测和对所在地区的水质、空气、固体废物、噪声的环境质量等进行监测，目的是确定环境质量、评价相关措施的效果、衡量环境标准的实施情况以及环境保护工作的进展。在城市生态环境监测中，它的涉及面最广，工作量也最大。

2. 研究性监测

研究性监测是针对特定目的的科学研究而进行的环境监测。比如，环境本底值的监测与研究，环境监测标准分析方法的研究，有毒、有害物质对从业人员的影响研究等。

3. 特定目的监测

根据特定目的的不同，特定目的监测可分为污染事故监测、咨询服务监测、考核验证监测和仲裁监测四种。

（1）污染事故监测。污染事故监测是指在发生污染事故时采取的应急性监测，目的是确定污染物的扩散速度、扩散范围和扩散方向，从而为污染物控制提供依据。常见的污染事物监测手段有流动监测、低航空监测、简易监测、遥感监测等。

（2）咨询服务监测。咨询服务监测是指为政府部门、生产单位、科研机构等所提供的服务性监测。比如，城市在建设新企业时，应进行环境影响评价，并按照评价要求进行环境监测。

（3）考核验证监测。考核验证监测是指污染治理、方法验证、人员考核等项目竣工时的验收监测。

（4）仲裁监测。仲裁监测是指针对污染事故纠纷过程中所产生的矛盾进行环境监测。仲裁监测应由国家指定的具有权威的部门进行，以提供具有法律效力的数据，供执法部门、司法部门仲裁。

（二）依据监测介质分类

依据监测介质的不同，城市生态环境监测可分为空间监测、水质监测、土壤监测、噪声监测、生物监测、固体废物监测、热监测、光监测、电磁辐射监测、放射性检测、卫生监测（包括病毒监测、病原体监测、寄生虫监测等）等。

二、城市生态环境监测的环境要素

（一）水质监测

水是人类生存所必需的物质，它也是城市环境的一个重要组成部分。城市中的水资源除了用于居民的日常生活用水外，还用于工农业的生产。而随着城市工业化进程的加快，人类对水资源的需求越来越大，与此同时，也产生了大量的工业废水，这些工业废水如果不进行处理，直接排入天然水体中，会造成江、河、湖、海、地下水等水源的污染，进而影响人类的生存。因此，对水质（包括生活污水、工业废水、农业回流水以及天然水体）进行监测尤为重要。

（二）空气污染监测

空气污染指空气中污染物（凡是能够使空气质量变坏的物质都属于空气污染物）浓度达到有害程度，超过了环境质量标准的现象。目前已知的空气污染物有上百种，根据其存在的状态可分为两类：一种是气体状态的污染物，另一种是气溶胶状态的污染物。气体状态的污染物包括以二氧化碳为主的碳氧化合物、以二氧化氮为主的氮氧化合物、以二氧化硫为主的硫氧化合物等；气溶胶状态的污染物包括以降尘、飘尘、粉尘、悬浮物等。随着人类不断开发新的物质，空气中污染物的种类也在不断增加。空气也是人类生存必不可少的一项要素，如果空气被污染，将会危害人类的身体健康，影响人类的生存和发展，所以空气监测也是城市环境监测中不可或缺的一个环境要素。

（三）土壤污染监测

土壤是动物、植物、人类赖以生存的物质基础。土壤质量的优劣直接影响人类的生存和发展。但由于近些年来人们不合理的开发利用，致使许多污染物质通过多种渠道进入土壤。当污染物进入土壤的数量和速度超过土壤的自净能力时，将导致土壤质量下降甚至恶化，影响土壤的生产能力。因此，通过土壤污染的监测，对提高土壤的环境质量和生产能力、保障食品安全具有十分积极的意义。

（四）环境噪声监测

从严谨的科学定义来看，噪声是指无规则、非周期振动发出的声音。但从现实生活的角度来看，其实凡是干扰人们休息、学习和工作的声音都称为噪声。城市环境噪声的来源主要有四种：①工厂噪声，主要指大型机器运转产生的噪声；②交通噪声，主要指汽车、火车、飞机等交通工具产生的噪声；③社会生活噪声，主要指高音喇叭、歌舞厅等发出的过强的声音；④建筑施工噪声，主要指建设施工过程中产生的噪声。噪声属于一种物理性污染，它与化学性、生物性污染不同，当噪声停止后，污染也随即消失，但它的危害是不容忽视的，环境噪声污染也被公认为是四大环境公害之一。因此，在城市的各个区域都应该安装噪声监测仪器，即时监测城市的噪声。

（五）固体废物监测

固体废物是指人们在生产生活中所产生的，在一定时间和地点无法回收利用而被丢弃的污染环境的半固体和固体废弃物。依据固体废弃物的来源，固体废物可分为工业固体废弃物、农业固体废弃物和城市生活垃圾。其中，城市生活垃圾对城市生态环境的影响较大。城市生活垃圾主要指城市居民日常生活中产生的固体废弃物，其组成非常复杂，包括食品垃圾、玻璃、金属、塑料、废纸等。随着城市化进程的加快，城市生活垃圾的产生量也在不断增加，成分也日益复杂，所以对城市生活垃圾进行监测显得越来越重要。目前，国内外常用的城市生活垃圾处理的方式主要有焚烧、填埋、堆肥和再生利用四种，针对不同的方式，有不同的监测项目和监测重点。

（六）辐射污染监测

辐射是以波、粒子或光子的能量束形式传播的一种能量，虽然它看不见、摸不着，但当人体受到一定程度的辐射时，也会给人体造成伤害。因此，需要对城市生态环境进行辐射污染监测。辐射污染监测有辐射环境质量监测与辐射污染源监测两种。辐射环境质量监测的目的是积累环境辐射水平数据，总结环境辐射水平变化规律，判断环境中放射性污染及其来源，报告环境质量状况；辐射污染源监测的目的是监测污染源的排放情况，核验排污单位的排放量，检查排污单位的监测工作及其效能，为公众提供安全信息。

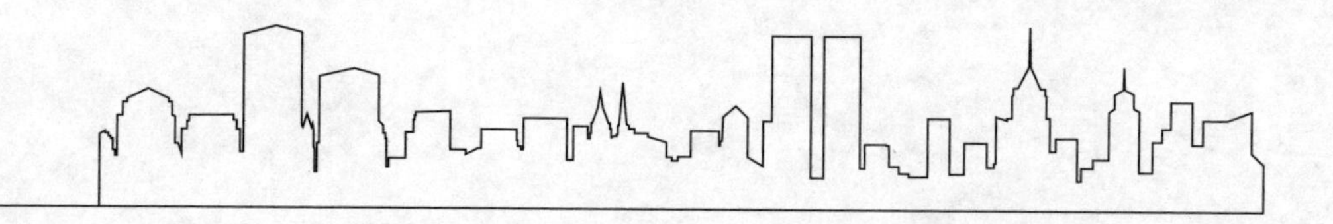

第六章　城市生态安全和健康的规划与构建

第一节　城市生态安全与风险

一、城市生态安全

（一）城市生态安全的概念与内涵

城市生态安全的概念源自对生态安全的研究，它是生态安全理论研究的重要组成部分，也是生态安全理论在城市研究领域的具体应用。关于城市生态安全的概念，目前没有统一的界定，不同的学者有不同的解释。李焰在《环境科学导论》一书中，将城市生态安全解释为："城市赖以生存发展的生态环境系统处于一种不受污染和不受危害或破坏的良好状态。"[①]贾良清等在《城市生态安全评价研究》一文中，将城市生态安全理解为城市生态环境支撑条件以及所面临生态环境问题不对其生存和发展造成威胁，即城市生态系统功能和过程能够满足其持续生存与发展需要[②]。谢花林等在《城市生态安全评价指标体系与评价方法研究》一文中，将城市生态安全理解为城市生态系统的健康与稳定，并指出城市生态系统的负荷承载能力是有限的，超过负荷则生态平衡遭受破坏[③]。杨嘉怡在《煤炭资源型城市生态安全预警及调控研究》一书中，将城市生态安全解释为："某个城市以自然生态系统、经济生态系统和社会生态系统的稳定为基础，实现人与自然、社会与自然、经济与自然的协调可持续发展，

① 李焰．环境科学导论[M]．北京：中国电力出版社，2000：361．

② 贾良清，欧阳志云，赵同谦，等．城市生态安全评价研究[J]．生态环境，2004(4):592-596.

③ 谢花林，李波．城市生态安全评价指标体系与评价方法研究[J]．北京师范大学学报（自然科学版），2004(5):705-710.

以达到城市自然和谐、社会稳定及经济良性发展的状态。”①

结合上述学者对城市生态安全的解读，作者认为虽然目前关于城市生态安全没有统一的定论，但其内涵却较为接近，即人们对城市生态系统安全的认知是复合性的，因为城市本身就是一种高度人工化的“自然—社会—经济”复合生态系统，只有整个系统中的各个要素实现了安全的目标，并从整体上实现平衡，才能被认为达到了城市生态安全的要求。在城市这个人工系统中，人是发挥着主导作用的要素，由人类活动连接起来的城市自然生态系统、城市社会生态系统和城市经济生态系统是相辅相成的，那么城市生态安全在实质上需要以人为最活跃的因素对整个人工生态系统的安全进行研究。因此，城市生态安全必须综合考察自然、社会、经济三个方面的安全，突出强调人类活动和自然生态系统功能的关系。

城市处于生态安全的状态时，具有完善的结构和健康的生态功能，具有一定的自我环境调节能力和净化能力，这对于城市自身的发展具有非常重要的意义。

（二）影响城市生态安全的两类问题

自然灾害和人为灾害是影响城市生态安全的两类问题。对于前者而言，人类多数情况下只能预防，很难避免；而对于后者，则可以通过科学决策来降低其危害程度。

1. 自然灾害

自然灾害是指给人类生存带来危害或损害人类生活环境的自然现象，包括寒潮、冰雹、地震、泥石流、海啸、火山喷发、龙卷风等。自然灾害具有广泛性的特征，即每个城市都可能发生自然灾害；同时，自然灾

① 杨嘉怡．煤炭资源型城市生态安全预警及调控研究[M].北京：中国市场出版社,2019：26.

害还具有地域性的特征，即处于不同地域的城市所发生的自然灾害也存在差异。因此，每个城市都需要具备应对自然灾害的能力，并能够结合其地域特点，形成具有针对性的应对方案。另外，自然灾害还具有不确定性的特征，即自然灾害发生的地点、时间、规模等都是不确定的，这增加了城市抵御自然灾害的难度。自然灾害通常是由自然变异引起的，所以自然灾害的预测存在很大的难度，但随着科学技术的发展，人类能够预测越来越多的自然灾害，并且精准度也在不断增加，但有些自然灾害仍旧难以精准地预测。当然，虽然很多自然灾害人类已经能够进行精准的预测，但却很难实施有效的干预，只能通过一些措施对自然变异可能导致的自然灾害进行预防。

2. 人为灾害

人为灾害是指由人为因素引发的灾害，如环境污染灾害、火灾、自然资源衰竭灾害、人口过剩灾害等。人为灾害和自然灾害之间存在的一定联系，即人为灾害有引发自然灾害的可能性。比如，环境污染灾害导致全球气温升高，进而导致自然灾害发生频率的增加。相较于自然灾害而言，人类对于自身行为的干预较为容易，但要真正做到全民化，人类还有很长的一段路要走。

（三）城市生态安全评价方法

城市生态安全评价是一项涉及多方面内容的综合性工作，因为城市生态安全本身就是一个复合性的概念，所以要对城市生态安全进行评价并非一件易事，但通过评价可以对城市的生态安全情况形成更加深入的认识，而且也可以为城市的生态安全规划提供指导依据，所以进行城市生态安全评价非常有必要。而要进行城市生态安全评价，方法是必不可少的。在此，作者归纳几种常用的评价方法。

1. 层次分析法

层次分析法是将与决策总是有关的元素分解成目标、准则、方案等层次，在此基础之上进行定性和定量分析的决策方法。层次分析法在环境评价、系统评价、规划决策、项目遴选等方面应用较多。城市生态安全是一个多层次的体系，其安全评价主要是通过对诸多表征城市生态安全的指标的权值分析，最终得出评价结果。由此可见，层次分析法适用于城市生态安全评价。

应用层次分析法评价城市生态安全的步骤如下：

（1）建立层次结构模型。在深入分析研究区域生态环境安全现状和需求的基础上，将有关的评价因素建立评价指标体系，并进行优化筛选。将优化后的指标按照不同属性自上而下地分解成若干层次，同一层的诸因素从属于上一层的因素或对上层因素有影响，同时又支配下一层的因素或受到下层因素的作用。最上层为目标层，通常只有1个因素；最下层为最基本、最具体的指标层，中间可以有1个或几个层次，通常为准则或指数层。当准则过多（譬如多于9个）时应进一步分解出子准则层。

（2）构造成对比较矩阵。从层次结构模型的第二层开始，对于从属于（或影响）上一层每个因素的同一层诸因素，用成对比较法和1～9比较尺度构建成对比较矩阵，直到最下层。

（3）计算权向量并做一致性检验。对每一个成对比较矩阵，计算最大特征根及对应特征向量，选定各指标不安全程度判断的标准值，利用一致性指标、随机一致性指标和一致性比率做一致性检验。若检验通过，特征向量（归一化后）即为权向量；若不通过，需重新构建对比矩阵。

（4）计算组合权向量并做组合一致性检验。计算最下层对目标的组合权向量，即各指标的不安全指数，并根据公式做组合一致性检验。若检验通过，则可按照组合权向量表示的结果进行决策，否则需要重新考虑模型或重新构造那些一致性比率较大的成对比较矩阵。

（5）综合评分并提出对策。对区域的生态安全程度进行综合评分，确定生态安全级别，根据评价结果分析存在的主要生态安全问题及成因，提出保障区域生态安全程度的对策。

2. 模拟模型法

模拟模型法是指通过建立数学模型的方式来模拟城市环境，进而评价城市生态安全的一种评价方法。常用的模型有两种：空间模型和非空间模型。在建立数学模型时，对模拟对象（即城市）了解的程度越深，所建立的模型越准确，得到的结果也就越精准。由此可见，要应用模型模拟法，一个重要的前提就是对模型对象有足够的认识。除此之外，该方法的应用还需要资金、时间和技术的支撑，并且需要以真实的数据为依据，缺少任何一点，该方法的精准度都会受到影响。

3. 综合指数法

在城市生态安全评价中，综合指数法是目前应用较多的一种方法。在运用该方法时，首先要借助层次分析法对各指标在城市生态安全中的相对重要性进行分析，确定权重；然后再进行数学计算，得到综合指数；最后依据综合指数判断城市生态安全所处的级别。该方法的优点是考虑了多个影响因子的协同效应，即多个影响因子如果同时存在，并不是简单的 $1+1+\cdots+1=n$，而是 $1+1+\cdots+1>n$，所以该方法得到的结果较为精准。

应用综合指数法评价城市生态安全的步骤如下：

（1）分析表征城市生态安全因子的程度与变化规律。

（2）建立表征各生态因子特征的指标体系。

（3）确立评价标准。

（4）构建评价函数曲线，将评价的环境因子现状值与预测值转换为统一无量纲的生态安全与质量指标，通常以 0 ～ 1 之间的数值表征，0 表示最低，1 表示最高。

（5）依据层次分析法和德尔菲法，确定评价因子的权重。

（6）将各因子的变化值和权重进行综合，得到综合评价值，其计算公式为

$$\Delta P = \sum_{i=1}^{m} \left(P_{hi} - P_{li} \right) \times W_i$$

式中：ΔP——人类活动前后城市生态安全及质量的变化值；

P_{hi}——人类活动后 i 因子的质量指标；

P_{li}——人类活动前 i 因子的质量指标

W_i——i 因子的权重。

二、城市生态风险

（一）城市生态风险的概念

城市生态风险是各种自然灾害、人为灾害导致城市生态系统以及人类健康遭受损害的连锁反应型风险。城市生态风险可能是局部的、短时的，即只发生在城市的某个区域，而且持续的时间较短，但也可能覆盖整个城市，而且跨越大的时间尺度，并产生多环节的链式反应，从而打破城市正常的生态平衡，最终影响城市居民的健康安全，甚至影响城市的经济发展。

（二）城市生态风险的类型

城市生态风险的类型有很多，有些类型的风险所产生的危害或者潜在的危害较小，作者在此不做介绍；有些类型的风险所产生的危害或者潜在的危害较大，是需要人们特别注意的。下面，作者仅针对10类危害或潜在危害较大的城市生态风险进行论述。

1. 静脉生态风险

静脉生态风险主要指由城市废气、污水、生活垃圾、工业废弃物的弃置及其处理带来的生态风险。

2. 动脉生态风险

动脉生态风险主要指由城市水、电、气、油供应和动力系统失灵等突发事件引起的生态风险。

3. 化学品生态风险

化学品生态风险主要指由有毒、有害、易燃、易爆等化学物质在生产、储存、运输、处置过程中出现的事故而引发的生态风险

4. 自然灾害引起的生态风险

自然灾害引起的生态风险主要指由自然灾害引起的生态风险，如暴雨、冰雹、地震、海啸等。由于自然灾害很难实施有效的人为干预，所以预防显得至关重要。

5. 交通生态风险

交通生态风险指由交通引起的生态风险，如汽车行驶、停放和交通事故引发的对交通环境以及对人身体健康产生影响的交通风险。

6. 食物链生态健康风险

食物链具有富集作用，即某些物质会随着食物链底端到顶端不断积累。食物链的富集作用会导致一定的生态健康风险，如重金属、各类激素、农药等可能会通过食物链的富集作用危害人的身体健康。

7. 工程生态风险

工程生态风险主要指工程建设引发的一些生态风险，如劣质材料的功能性污染引发的生态风险。

8. 生物生态风险

生物生态风险主要指由于人工环境和人体免疫功能下降导致的有害生物传播和瘟疫流行的生物生态风险。

9. 放射物带来的生态风险

在科研、生产、医疗等活动中，可能会使用一些放射性物质，在管理和处置这些放射性物质的过程中，如果存在管理不严、处置不当的问

题，便可能会导致一些生态风险。

10. 区域扩散生态风险

上述所提及的九类生态风险，可能会通过生物传播、大气扩散、河流输送、人员流动、物资贸易等途径影响相邻或其他更远的城市，给相邻或其他更远的城市带去生态风险。

（三）城市生态风险的特征

城市生态风险的特征突出体现四个方面：较大的危害性、较强的不确定性、危害的难以计量性、复杂多变性。

1. 较大的危害性

城市生态风险通常会影响城市生态系统中的多个子系统，所以一旦发生城市生态风险，其所造成的危害往往是较大的，有些生态风险甚至会导致城市生态系统结构的改变，影响城市系统的功能。当然，有些生态风险可能也会带有一些有利的因素，如台风带来的降雨可以缓解旱情，但也仅限于降雨量不超过限度的情况，因为如果降雨量过多，反而容易导致洪涝灾害；而且相较于城市生态风险带来的危害，其所带来的有利因素常常可以忽略不计，所以在评价城市生态风险时，一般不会考虑其所带来的有利因素。

2. 较强的不确定性

城市生态风险具有较强的不确定性，主要表现为人类事先较难预测风险的发生，包括发生的地点、时间、强度和范围。随着科学技术的发展，人类已经能够比较精准地预测一些城市生态风险发生的地点、时间、强度和范围，从而做好相应的应对措施。但总体而言，依旧有很多人类无法预测的城市生态风险，这种不确定性给城市风险管理者带来了较大的挑战。

3. 危害的难以计量性

如果从经济的角度去看，一次生态风险带来的损失可以直观地用数字去计量，但如果从整个生态的角度来讲，一次生态风险所带来的危害通常是难以计量的。比如，一次生态风险导致城市的生物多样性降低，如果从经济的角度去看，可能并没有造成多大的经济损失，但对整个城市的生态系统而言，其影响可能是不可挽救的，而且随着时间的推移，其影响可能会日渐突显，而在其影响突显之前，甚至在影响突显之后，我们也很难简单地用数据对其进行计量。

4. 复杂多变性

城市生态系统是一个复杂的系统，也正是由于这种复杂性，导致城市生态系统中存在多种生态安全风险，并且这些生态安全风险之间也存在协同效应，能够形成综合生态风险，所以如何评价城市生态风险以及预防城市生态风险都具有较大的难度。此外，城市生态系统不是一个封闭的系统，而且城市生态系统也不是静止不变的，而随着城市系统的变化，城市生态风险也可能会随之变化，这又增加了城市生态风险评价和预防的难度。

（四）城市生态风险评价方法

同城市生态安全一样，评价城市生态风险也是一项非常重要的工作。在城市生态风险评价研究的早期，由于认知、技术等方面的限制，大部分的评价方法都只针对单个因子。随着研究的不断深入，人们的认识也在不断加深，而且随着科学技术的发展，技术支撑也在不断完善，这使得当前的评价方法能够同时针对多个因子，从而提高了评价的可参考性。在此，作者归纳两种常用的评价方法。

1. 熵值法

熵值法是判定某一浓度的化学污染物是否具有潜在有害影响的半定量生态风险评价方法。首先，根据已有的数据或文件，确定化学污染物的限定浓度，然后将污染物的实际浓度和限定浓度进行比较，得到熵值；最后根据熵值的大小判断是否存在风险。由于用污染物的限定浓度只能表征是否超出了限度，不能表征风险的大小程度，所以在限定浓度的基础上，可以多选取几个标准浓度，并相对应地设置风险等级，以此来表征风险的程度的大小。

2. 生态等级风险评价法

在缺乏大量观察数据的情况下，可采用该方法对城市生态风险进行评价。该评价共分为初级评价、区域评价和局地评价三个级别，所以也被称为三级风险评价。各级内容如图 6–1 所示。

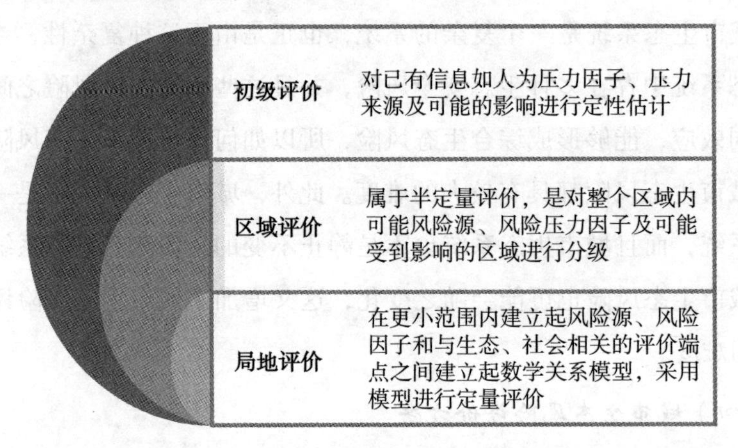

图 6–1　生态等级风险评价法各级内容

第二节　城市生态健康及其评价

一、城市生态健康

（一）城市生态健康的概念

关于城市生态健康的概念，作者查阅资料发现，不同学者有不同的解释。比如，刘方明等认为，城市生态健康是融合了健康概念对城市的进一步诠释，而用健康概念来说明城市的“好坏”，可以引起人们对城市问题的重视[①]。再如，陆庆轩等认为，城市生态健康就是要提供舒适的人类居住环境，维持野生动物栖息环境的稳定性和完整性，减少对城市空气、水资源等自然资源的破坏，维护城市的可持续发展[②]。

虽然目前学界没有统一的定论，但普遍认为城市生态健康不仅包括环境健康，还包括社会健康、服务健康和人群健康，所以城市生态健康不单纯是生态学的概念，而是一个综合性的概念。因此，对城市生态健康的规划与构建也需要从这一综合性的概念认识着手。

（二）城市生态健康的维度

通过前面对城市生态健康内涵的解读可知，城市生态健康可以分为环境健康、社会健康、服务健康和人群健康四个维度。

1. 环境健康

环境健康指城市生态环境健康，包括城市中的自然环境和人工环境。城市生态环境影响城市发展以及城市居民生活的方方面面，这是城市生态健康的基础，也是城市社会健康、服务健康和人群健康的重要支撑。

2. 社会健康

社会健康是围绕人与人、人与社会关系发展起来的一个概念，强调食品安全、文化教育、社会保障等方面。社会健康既强调以人为本，即尊重人的尊严并尽可能满足人们的需求；同时也强调“以自然为本”，即尊重自然的运行规律。要实现社会健康的目标，需要关注社会关系的健康，并注重对各类人群的覆盖。

① 刘方明，田立娟，丛慧颖．园林生态学[M]．哈尔滨：黑龙江大学出版社，2012：232.

② 陆庆轩，何兴元．城市森林健康管理及案例分析：以沈阳为例[M]．沈阳：辽宁科学技术出版社，2008：16.

3. 服务健康

服务健康一般指城市具有比较完善的健康服务。当然，随着城市居民健康需求的不断变化以及健康服务业的不断发展，服务健康的概念也在不断变化。就当前学界对服务健康概念的解释来看，既有广义范畴下的服务健康，也有狭义范畴下的服务健康。广义范畴下的服务健康不仅包含传统医疗卫生领域的各类服务的完善，也包含与人的健康有关的服务类型的完善，如医药卫生服务、健康膳食服务、健康运动休闲服务、特殊人群基本公共服务、健康环境服务、健康教育与培训服务、健康因素测评服务、健康信息服务、健康安全保障服务等；狭义范畴下的服务健康主要指向医疗卫生行业以及健康促进服务业服务的完善，其目标是为城市居民提供优质的、连续的健康服务，从而最大限度地保障城市居民的健康权益。

4. 人群健康

人群健康是指生活在城市中的人群处于相对健康的状态。关于一个城市的人群健康，可以通过统计的方式来确认，如城市人群健康水平统计、城市人群健康生活方式统计、城市人群疾病统计等。通常而言，一个健康的人群往往具有比较高的健康水平、比较低的疾病率，以及比较健康的生活方式。

二、城市生态健康评价

（一）城市生态健康评价的指标体系

如前所示，城市生态健康主要涵盖环境健康、社会健康、服务健康和人群健康，所以城市生态健康评价指标体系的也主要围绕着这四个方面，具体内容如表 6-1 所示。

表 6-1　城市生态健康评价的指标体系

一级指标	二级指标	三级指标
环境健康	水质	1. 集中式饮用水水源地安全保障达标率（%） 2. 居民生活饮用水水质达标率（%）
	空气质量	1. 空气质量优良天数的占比（%） 2. 重度及以上污染的天数（%）
	土壤质量	1. 土壤肥力 2. 土壤生物或许 3. 土壤生态质量
	垃圾废弃物处理	城市垃圾废弃物无害化处理率（%）
	其他相关环境	1. 绿地覆盖率（%） 2. 公共场所设施密度（座 /km²） 3. 人均公园绿地面积（m²/ 人） 4. 人均生物密度控制水平（%）
社会健康	食品安全	每千人食品抽样检验批次数（批次 / 千人）
	社会保障	1. 基本医保住院费用实际报销比（%） 2. 居民参保率（%）
	职业安全	1. 就业率（%） 2. 职业健康检查覆盖率（%）
	文化教育	学生体质监测优良率（%）
	健身活动	1. 城市人均体育场地面积（m²/ 人） 2. 每千人拥有社会体育指导人数（人 / 千人）

续表

一级指标	二级指标	三级指标
服务健康	卫生健康资源	1. 每万人口拥有公共卫生人员数量（人 / 万人） 2. 每万人口拥有全科医生数（人 / 万人） 3. 每千人口执业医师数量（人 / 千人） 4. 每千人口医疗卫生机构床位数（人 / 千人） 5. 每千人口注册护士数（人 / 千人）
	医疗服务	1. 就诊率（%） 2. 智慧医疗覆盖率（%）
	疾病预防控制	1. 适龄儿童免疫规划疫苗接种率（%） 2. 传染性疾病控制率（%）
	中医药服务	提供中医药服务的基层医疗卫生机构占比（%）
	妇幼卫生服务	1. 孕产妇系统管理率（%） 2. 儿童健康管理率（%）
	养老服务	每千位老人拥有养老床位数（张 / 千人）
人群健康	健康水平	1. 国民体质监测合格率（%） 2. 人均预期寿命（岁） 3. 婴儿死亡率（%） 4. 孕产妇死亡率（%） 5. 儿童死亡率（%）
	居民健康与健康的生活方式	1. 居民健康素养总体水平 2. 居民基本健康知识知晓率（%） 3. 经常参加体育锻炼人口比例（%） 4. 成人吸烟率（%）
	慢性病	1.18 ～ 50 岁高血压患病率（%） 2. 重大慢性疾病过早死亡率（%） 3. 肿瘤患病率（%）
	传染病	每 10 万人甲乙类传染病发病率（%）

（二）城市生态健康评价模型

关于城市生态健康评价的模型，作者在此以模糊数学方法为依据，构建相关的模型，即 $H=W\cdot R$。

在该模型中，H 为城市生态健康的诊断结果，W 为四个评价要素（环境健康、社会健康、服务健康、人群健康）对城市总体健康程度的权矩阵，$W=$（w_1、w_2、w_3、w_4），R 为城市生态健康评价要素对各级健康标准的隶属度矩阵，

$$\boldsymbol{R}=\begin{pmatrix} R_{11} & R_{12} & R_{13} & R_{14} & R_{15} \\ R_{21} & R_{22} & R_{23} & R_{24} & R_{25} \\ R_{31} & R_{32} & R_{33} & R_{34} & R_{35} \\ R_{41} & R_{42} & R_{43} & R_{44} & R_{45} \\ R_{51} & R_{52} & R_{53} & R_{54} & R_{55} \end{pmatrix}$$

，R_{ij} 为第 i 个要素对第 j 级标准的隶属度；

$$R_{ij}=\begin{pmatrix} W_{i1} & W_{i2} & \cdots & W_{ik} \end{pmatrix}\begin{pmatrix} r_{1j} \\ r_{2j} \\ \vdots \\ r_{kj} \end{pmatrix}$$

，其中 k 为各评价要素所包含的指标个数。

设 $W'=\left(w_{i1},w_{i2},\cdots,w_{ik}\right)$，$W_{ik}$ 为第 i 个要素中第 k 个指标对本要素的权重。

目前常用的确定权重的方法有两种：一种是客观赋权法，即依据各指标间的关系确定权重，其优点是可以避免人为因素带来的误差，如因子分析法、主成分分析法等；另一种是主观赋权法，通常采取综合资讯评分的定性方法，如德尔菲法、层次分析法等。

该模型涉及了两类权重：W、W'。W 指各评价要素的权重，可采用主观赋权法确定；W' 指具体指标对各要素的权证，可采用主成分分析法确定。

主观赋权法比较简单，评价人员分析各要素对整个系统的贡献值，然后进行主观性的判断，并确定权重。

主成分分析法则比较复杂，其过程大致为：先确定 m 个主成分，并

计算 m 个主成分对总体方差的贡献矩阵$\boldsymbol{A}=(\lambda_1,\lambda_2,\cdots,\lambda_m)$，同时得到各原始指标在前 m 个主成分上的贡献矩阵，即$\boldsymbol{L}=(l_1,l_2,\cdots,l_m)$，则各指标对总体方差的贡献率矩阵 $\boldsymbol{F}$ 可由公式 $F=A\cdot \boldsymbol{L}=(f_1,f_2,\cdots,f_m)$。$\boldsymbol{F}$ 中各元素的值即为相应指标的权重。

第三节　城市生态安全规划与构建

一、城市生态安全规划

（一）城市生态安全规划的对象

作者在前面已经指出，城市生态安全需要综合考察自然、社会、经济三个方面的安全，这决定了城市生态安全规划的对象的复杂性。为了论述方便，作者划分了三个角度，并从这三个角度对城市生态安全规划的对象进行了归纳。

从突发事件的角度，城市生态安全规划的对象主要包括城市自然灾害、城市安全事件、城市突发公共卫生事件、城市事故灾难。自然灾害包括洪涝灾害、地震灾害、气象灾害等，城市安全事件包括报复社会事件、恐怖袭击事件、极端破坏事件等，城市突发公共卫生事件包括群众性不明原因疾病、重大传染疫情等，城市事故灾难包括交通事故、火灾等。

从应急管理的角度看，城市生态安全规划的对象主要包括应急避难场所与设备、应急救援人员、应急救援物资、应急预案、应急机制等。

从承灾体的角度看，生态安全规划的对象主要包括教育、卫生、文化、体育等公共服务设施，供水、排水、供电、电信、燃气、供热等城市重大基础设施，城市道路交通与对外交通设施，城市居民居住设施等。

（二）城市生态安全规划的原则

城市生态安全规划作为城市生态规划的一部分，既需要遵循城市生态规划的普遍规律，也需要结合自身特点，有针对性地进行规划。总体而言，城市生态安全规划应遵循四个原则，如图 6–2 所示。

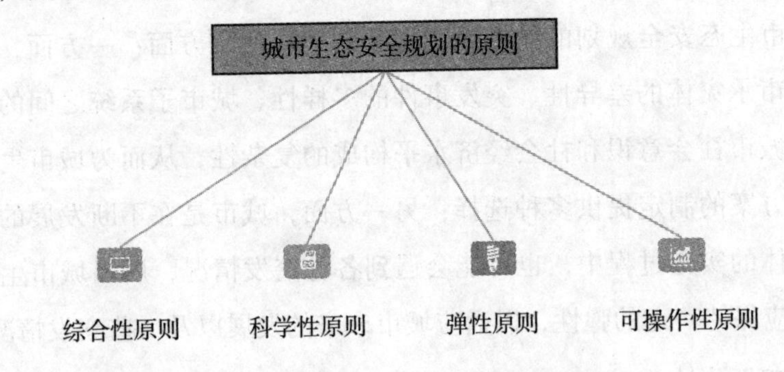

图 6–2　城市生态安全规划的原则

1. 综合性原则

城市生态安全规划的安全性原则体现在多个方面。从城市生态系统本身来看，城市生态系统是一个复杂的系统，包含多个子系统，而各个子系统之间并不是孤立存在的。城市生态安全规划需要综合性地考虑整个城市生态系统，并充分考虑各个子系统之间的关系，才能满足城市生态规划的需求。从城市生态安全规划涉及的部门来看，它涉及多个部门的协调，所以在进行规划的过程中，应从整体上考虑各部门间的协调关系，以使各部分在城市安全的构建工作中发挥作用，甚至取得 1+1+…+1 > *n* 的效果。从城市生态安全规划的对象来看，其涉及的对象很多（如前所述），需要对这些对象进行综合性的考虑。综上所述，无论从任何角度来看，城市生态安全规划都需要遵循综合性的原则。

2. 科学性原则

科学性原则是指相关活动必须在相应科学理论的指导下，遵循一定的程序，运用科学思维方法来开展相应活动的准则。城市生态安全规划也具有相应的科学理论，这些理论是确保城市生态安全规划正确的基础。此外，在以科学理论作为指导的基础上，还需要做到实事求是，即结合城市生态安全现状，这样能进一步提高城市生态安全规划的科学性。

3. 弹性原则

城市生态安全规划的弹性原则主要体现在两个方面：一方面，充分考虑城市承灾体的差异性、突发事件的多样性、城市子系统之间的关联性以及城市社会意识和社会经济水平构成的复杂性，从而为城市生态安全规划方案的制定提供多种选择；另一方面，城市是在不断发展的，而且在具体的实施过程中，也可能会遇到各种突发情况，所以城市生态安全规划应保持一定的弹性，以适应城市未来的发展以及一些突发情况。

4. 可操作性原则

城市生态安全规划不能是纸上谈兵，而是要具有较强的可操作性。城市生态安全规划涉及的对象种类繁多，信息量也非常大，如果单纯地以文字形式呈现，可能难以清晰地表达其逻辑性和具体性，所以为了提高可操作性，城市生态安全规划可向着图形化和直观化的方向发展。此外，不同城市生态安全情况也存在一定的差异，所以要提高城市生态安全规划的可操作性，也需要结合城市生态安全的具体情况，做到实事求是。

（三）城市生态安全规划的程序

城市生态安全规划的程序一般包括相关资料分析与城市生态安全现状调查、城市风险辨识与安全评价、城市安全规划方案的制定、城市安全规划方案的评价与审批、城市安全规划方案的实施五个步骤，如图6–3所示。

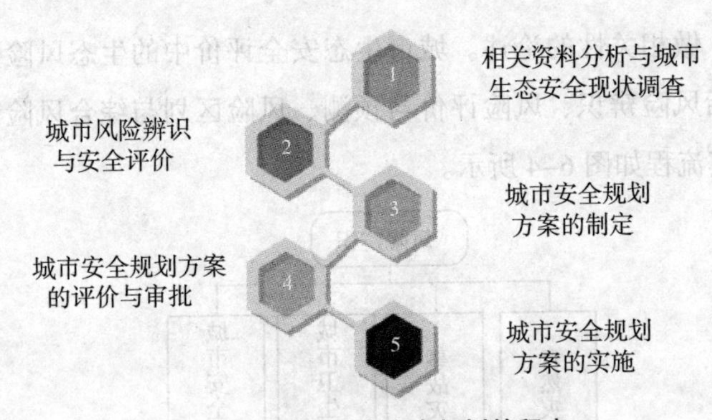

图 6-3　城市生态安全规划的程序

1. 相关资料分析与城市生态安全现状调查

对相关资料进行分析与城市现状进行调查是对城市生态安全进行规划的基础，具体包括如下几项内容。

（1）对城市生态安全规划相关的法律、法规进行分析。城市生态安全规划需要具备一定的政策或法律依据，同时也需要具备一定的权威性，所以在进行规划之前应对相关的法律法规进行分析，明确相关工作开展的标准与规范。

（2）对城市事故与灾害的历史数据进行统计。历史数据虽然已经是过去时，但通过分析历史数据，可以总结出一定的规律，从而为当下的城市生态安全规划提供依据。

（3）对城市生态安全现状进行调查，包括自然、社会、经济三个方面的安全现状。城市生态安全规划是一项总结过去、立足当下、展望未来的一项事业，所以在分析历史数据的基础上，还需要立足当下，才能更好地展望未来。

2. 城市风险辨识与评价

城市风险辨识与评价也是城市生态安全规划的一个重要基础，能够为城市生态安全规划提供指导和依据。关于城市生态风险及其评价，作者在本章第一节已经做了系统的论述，在此将其放到城市生态安全规划的程序中，做相关性的论述。城市生态安全评价中的生态风险辨识与评价主要包括风险辨识、风险评价与预测、风险区划与综合风险评价、风险补偿，其流程如图 6–4 所示。

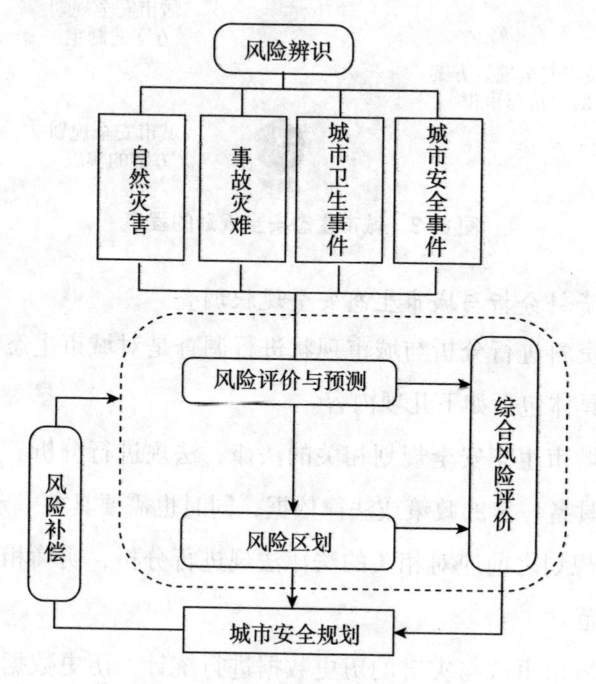

图 6–4　城市风险辨识与评价

（1）风险辨识。在风险辨识环节，需要辨识的风险因素有很多，而从不同的角度出发，所确定的风险因素也存在一定差异。通常人们习惯从突发事件的角度（主要包括自然灾害、事故灾难、城市卫生事件和城市安全事件四类）去辨识风险因素。比如，针对自然灾害，需要辨识的风险因素有洪涝灾害、地震灾害、气象灾害等，而针对不同类型的自然灾害，还需要做进一步的因素辨识。以自然灾害中的地震为例，需要辨识地质构造带分布、地震监测网、重点防震设施、建筑物抗震等级等因素。另外，次生灾害的风险也需要在风险辨识的范畴内。

（2）风险评价与预测。对城市生态安全的评价与预测既包括对城市整体的评价与预测，也包括对不同类型灾害或事物的分别评价与预测。由于城市是一个复杂的系统，对整个城市的生态安全进行整体性评价和预测存在较大的困难，所以一般先分别进行评价与预测，然后综合各项评价与预测，再进行整体性的评价与预测。关于城市生态风险评价的方法，作者在前面已进行了论述，在此便不再赘述。而城市风险的预测，通常是建立在对历史数据分析的基础上，借助数学模型来进行预测的，主要包括致灾因子风险分析、承灾体易损性评价和灾情损失评估几个环节。

（3）风险区划与综合风险评价。在风险评价的基础上，依据风险可进行标准进行风险的区划。比如，这对某一突发事件，在整个城市范围内确定其分布规律，然后划出高风险区域。城市风险区划的结果可指导城市的生态安全规划，即按照一定的风险可接受标准，确定城市区域间的安全距离。结合上一步所做的整体性风险评价，以及该阶段所做的风险区划，同时借助综合评价模型，对城市风险进行更为综合性的评价，可得到各区域的综合风险等级。

（4）风险补偿。有一些风险无法完全避免，或者无法分散，对于这一类风险，可构建风险补偿机制，以此提高城市应对风险的能力。

3. 城市生态安全规划方案的制定

在完成前两项工作后，便可以在相关资料与数据的支撑下制定城市生态安全规划方案。该方案既要满足城市规划的总体需求，符合政策规定，还要具备较强的科学性与可操作性，并尽可能降低相关工作的成本。

4. 城市生态安全规划方案的评价与审批

针对制定的城市生态安全规划方案，首先开展评价工作，确定规划方案的可行性，如果可行，便开展审批工作，通常由国家、省、市的相关部门审批。在进行审批时，主要考虑管理政策与投入成本等方面的因素。

5. 城市生态安全规划方案的实施

在审批通过之后，便可以实施规划方案。在实施规划方案的过程中，一般针对不同的项目，由不同的部门负责。规划方案实施的过程便是对规划方案检验的过程，在这个过程中，应根据实际情况对规划方案进行必要的修改，使规划方案的实施始终保持一定的弹性，以实现城市生态安全规划的最终目标。

二、城市生态安全的构建

如前所述，城市生态安全需要综合考察自然、社会、经济三个方面的安全，所以城市生态安全的构建可以从这三个方面进行思考。当然，这种将其划分开来的思考并不意味着将城市生态安全的构建分割开来看待，它们之间相互影响、相互关联，共同构成了城市生态安全整个系统。

（一）城市自然安全构建

城市自然安全的构建可以从城市水安全、城市大气安全、城市土壤安全和城市生物安全四个方面进行思考。

1. 保障城市水安全

水是生命之源，是整个城市运转的保障条件之一。保障城市的水安全就是保障市域中的水（包括地表水和地下水）资源不受外界因素的威胁，如水资源开发、废水排放等。其中，废水排放是威胁城市水安全的一个主要因素，所以要加强对废水排放的管理。此外，对于已经被污染的水资源，可结合污染情况，针对性地制定治理方案，以最大限度地降低这些已经污染的水资源对其他水资源造成安全威胁，甚至对整个城市生态环境的威胁。

2. 保障城市大气安全

空气与水一样，都是人生命活动所必需的物质，同时也是城市自然安全的重要组成部分。如果空气安全受到威胁，首先会影响人的健康，尤其对于城市而言，其空气的流通性和扩散性较差，一旦被污染，即便污染物浓度不高，也会对人的健康造成持续性的影响，如果人长期呼吸被污染的空气，便容易引起呼吸道疾病，如支气管哮喘、慢性支气管炎等。因此，确保城市大气安全也至关重要。城市空气中的污染物来源主要有自然和人为两种因素，其中，自然因素人类很难做出有效的干预，如火山爆发产生的灰尘，但针对人为因素，有关部门可以制定一些政策，适度限制人类污染大气环境的行为，从而确保城市大气的安全。

3. 保障城市土壤安全

土壤同样是整个城市运转的保障条件之一，但在城市运转的过程中，人类一系列的行为却威胁着城市土壤的安全，如废弃物排放、化肥农药的不合理使用等。由于土壤污染存在较强的隐蔽性，不易被人们直观地感知到，所以当发现土壤污染的问题时，其情况已经较为严重，而此时再进行治理，往往需要花费较长的时间，也需要投入较多的资金；而且在土壤被污染的这段时间内，也持续性地威胁着城市居民甚至整个城市生态环境的安全。基于这一认识，作者认为应加强对城市土壤安全的监控，随时了解城市土壤安全的情况，一旦发现问题，立刻采取相应的措施，从而最大限度地保障城市土壤安全。

4. 保障城市生物安全

从城市自然安全构建角度出发的城市生物安全保障主要指城市物种多样性的保障。虽然城市系统是一个高度人工化的系统，但维持物种的多样性，也有助于城市生态系统维持良性的循环。因此，保障城市生物安全也是城市自然安全构建的主要内容之一。水污染、大气污染和土壤污染是威胁城市生物安全的三个重要因素；此外，物种入侵、绿地面积减少，也会影响城市生物安全。所以要保障城市生物安全，可从上述几个方面着手。

（二）城市社会安全的构建

城市社会安全与城市居民日常生活的联系非常紧密，主要涉及文化安全、交通安全和社会治安三个方面，这三个方面也是城市社会安全构建的主要内容。

1. 保障城市文化安全

文化是人类在社会历史发展过程中所创造的物质财富和精神财富的总和，它是人类发展进化的产物。文化在城市的发展以及城市居民的生产生活中发挥着重要的作用，只有保障城市文化的安全，才能保障城市的发展以及城市居民正常的生产生活。城市文化安全主要遭受来自两方面的威胁：一是糟粕的文化，二是外来文化。糟粕的文化主要指包含色情、暴力、迷信等内容的文化，这些不良文化会对城市居民产生负面的影响，尤其在互联网时代，这些不良文化更是肆意滋生，如果监管不严，大肆侵入城市居民的生活，会逐渐腐蚀城市居民的三观，从而影响城市的安全。外来文化主要指来自其他国家或地区的文化。其实，在文化全球化趋势不断深化的今天，文化的交流与交融已成为必然，一方面有利于文化的融合，另一方面也有利于文化的创新和发展，但在外来文化中也存在一些消极的文化，这些文化同样会威胁城市文化的安全。因此，要保障城市文化的安全，既要消除本地的糟粕文化，也要警惕外来文化中的消极文化。

2. 保障城市交通安全

城市交通安全是指人借助城市的交通系统可以快捷、安全地到达目的地，也可以理解为交通事务的危险性降低到人们可以接受的限度范围内。交通安全事故是威胁城市交通安全的一个要素，而造成交通事故的原因有很多，如恶劣天气、逆向行驶、疲劳驾驶、闯红灯等。道路拥堵也是威胁城市交通安全的另一个要素，虽然道路拥堵不会对人产生直接的伤害，但交通效率的降低会影响整个城市的效率。因此，要保证城市的交通安全，需要同时关注交通事故和交通堵塞这两个威胁，并从人、路、车三个要素着手，提高城市交通安全指数。

3. 保障城市社会治安

社会治安指社会的安定秩序，其涵盖的内容非常多，此处主要指城市集体和居民人身权利不受到侵犯以及公私财产不遭受损害。每个人都希望生活在安定、和谐的社会，自己的生命财产安全可以得到保障，这也是马斯洛需求理论中所提到的安全需求，如果安全需求都得不到满足，更高层次需求的满足便无从谈起，人类的幸福感也很难得到提升。城市生态安全的构建的根本目的就是提高城市居民的方方面面的安全感，而人身财产安全是最基本的安全需求，所以必须保障城市的社会治安。至于如何保障城市的社会治安，作者认为可以从三个方面着手构建：第一方面，加强社会治安综合治理的防范与打击工作；第二方面，将守护治安综合治理的各项措施有效地落实到基层；第三方面，加强对城市居民的道德与法制教育，提高城市居民的道德素养与法制素养，进一步落实预防青少年犯罪的工作措施。

（三）城市经济安全的构建

经济是城市发展的一个重要目标，而只有确保城市经济的安全，才能实现城市经济的可持续发展。与此同时，城市经济安全也是城市自然安全和社会安全的物质基础，所以城市经济安全的构建也是城市生态安全构建中不可或缺的内容之一。城市经济安全的构建可以从资源安全和产业安全两方面着手。

1. 保障城市资源安全

城市资源通常包括自然资源、信息资源、人力资源和资本资源四类，这四类资源在城市发展中发挥着不同的作用。此处所要保障的资源主要指市域中的自然资源，其目的是维持城市的可持续发展。在自然资源中，不可再生资源具有不可再生性，如果过度开发，会导致不可再生资源枯竭的加速，进而影响城市的可持续发展。因此，要保障城市资源的安全，首先需要制止过度开发的行为，提高资源的利用率。在此基础上，还需要从城市自然资源数量、城市自然资源质量、城市自然资源分布、城市自然资源结构四个方面进行全面考量，从而制定出更为系统和全面的城市资源安全保障策略。

2. 保障城市产业安全

城市产业安全通常指城市具有比较合理的市场结构，且能够维持良好的市场秩序，城市中的大多数产业能够保持一定的经济活力。如果说城市资源安全是城市经济安全的基础，那么城市产业安全就是城市经济安全的主要动力，同时也是城市经济安全的外在体现，所以保障城市产业安全至关重要。影响城市产业安全的因素有很多，有些是可控因素，如生产技术、人才资源、产品质量等，有些则是不可控因素，它们主要来自城市产业生存环境和产业竞争环境。城市产业的生存环境包括国内和区域内产业金融环境、产业市场需求环境、产业生产要素环境、产业结构条件以及产业政策环境等几个方面；城市产业竞争环境则包括国内其他地区和外国产业资本、区域性市场政策和国际贸易壁垒等因素[①]。上述诸多因素共同影响着城市产业安全，所以要保障城市产业安全，便需要从上述多个因素进行考虑。此外，政府还可以建立城市产业安全评估体系，作用是可以及时发现城市产业潜在的安全威胁，然后将这些威胁消灭在萌芽中。

① 白澎．中国产业安全的实证研究 [J]. 山西财经大学学报 ,2010,32(8):65–76.

第四节　城市生态健康规划与构建

一、城市生态健康规划

（一）城市生态健康规划的目标

城市生态健康规划的总体目标是有效解决影响城市生态健康的一些关键因素，促进人与人、人与社会、人与自然的和谐，从而使生活在城市中的每一位居民都获得全面的健康。如果对该目标进行细化，可细化为关键性目标和支撑性目标两大类，每一类又可做进一步分细分，如图6–5所示。

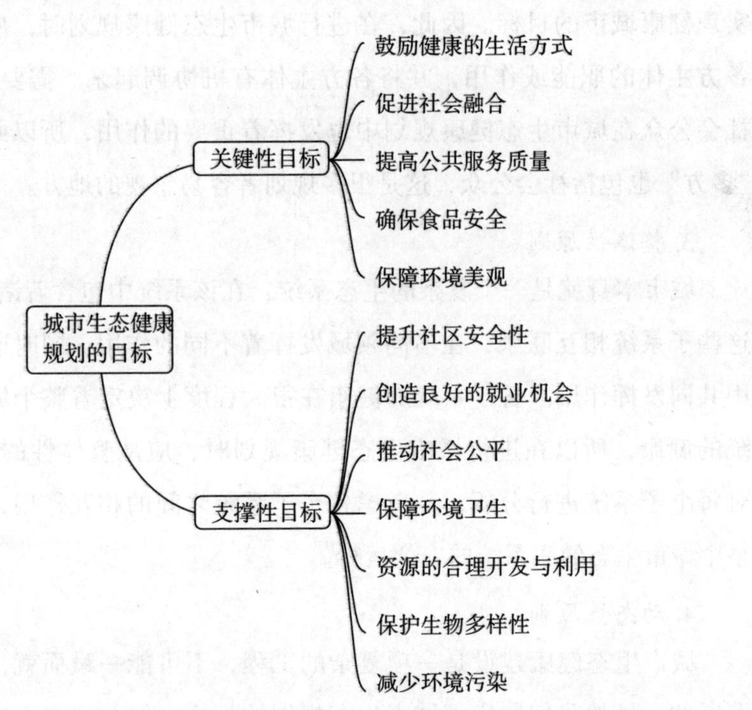

图6–5　城市生态健康规划的目标

（二）城市生态健康规划的原则

城市生态健康规划作为城市生态规划的一部分，既需要遵循城市生态规划的普遍规律，也需要结合自身特点，针对性地进行规划。总体而言，城市生态健康规划应遵循如下几项原则。

1. 平等原则

健康是人的基本权利之一，享受健康的生活也是每个人的权利，这意味着不同年龄、性别、种族的人都享有同等的权利。因此，在进行城市生态健康规划时，规划者不能存在歧视心理，而是要将城市中的所有居民都考虑在内，让每一位居民都能够享受到健康的城市生活。

2. 多方协作原则

城市生态健康建设是一项复杂的工程，需要多方的协作才能更好地实现健康城市的目标。因此，在进行城市生态健康规划时，应充分考虑各方主体的职能或作用，并将各方主体有机协调起来。需要注意的是，社会公众在城市生态健康规划中也发挥着重要的作用，所以此处所指的“多方”也包括社会公众，这是很多规划者容易忽视的地方。

3. 整体性原则

城市本身就是一个复杂的生态系统，在该系统中包含着诸多子系统，这些子系统相互联系，在不同领域发挥着不同的作用，同时通过协调作用共同发挥作用。各子系统的健康在很大程度上决定着整个城市生态系统的健康，所以在进行城市生态健康规划时，应从整体性的角度出发，对每个子系统进行分析，并考虑各个子系统之间的相互作用，从而确保整个城市生态健康系统的安全运行。

4. 动态性原则

城市生态健康建设是一项复杂的工程，不可能一蹴而就，它是动态发展的。虽然我们制定了城市生态规划的目标，但关注点不应该只在目标上，还要同时关注建设的过程，而在制定规划的时候，便需要考虑建设过程中可能出现的一些情况，使城市生态健康规划呈现一定的动态性，从而提高其可操作性。

（三）城市生态健康规划的程序

城市生态健康规划的程序一般包括城市生态健康现状调查、城市生态健康评价、城市生态健康规划方案的制定、城市生态健康规划方案的评价、城市生态健康规划方案的实施五个步骤，如图 6–6 所示。

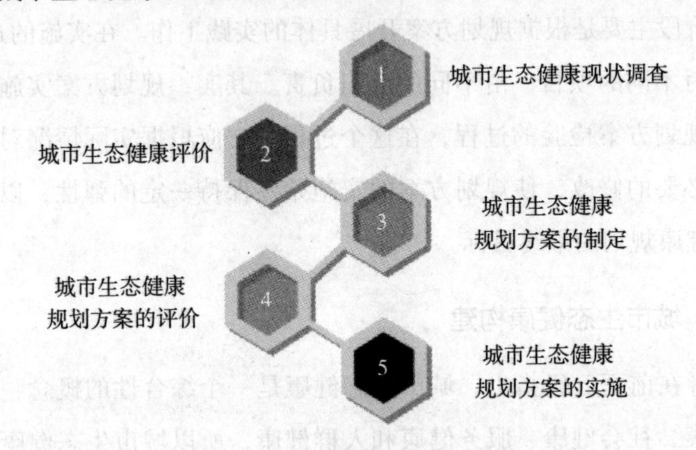

图 6–6　城市生态健康规划的程序

1. 城市生态健康现状调查

对城市生态健康现状进行调查，包括环境健康、社会健康、服务健康、人群健康四个方面的健康现状，以了解城市生态健康存在的问题，然后为策略的制定提供依据。

2. 城市生态健康评价

该环节主要是对城市生态健康进行评价。由于相关内容作者在本章第二节中已经进行了系统的论述，在此便不再赘述。

3. 城市生态健康规划方案的制定

在完成前两项工作后，便可以结合城市生态健康现状制定城市生态健康规划方案，该方案既要满足城市规划的总体需求，还要落脚于城市生态健康建设，具备较强的科学性与可操作性。

4. 城市生态健康规划方案的评价

对城市生态健康规划方案进行评价，目的是论述规划方式实施的可行性，如果可行，便进入规划方案实施的阶段，如果不可行，则对规划方案进行修订，直到具有可行性为止。

5. 城市生态健康规划方案的实施

该阶段主要是根据规划方案开展具体的实践工作。在实施的过程中，一般针对不同的项目，由不同的部门负责。其实，规划方案实施的过程便是对规划方案检验的过程，在这个过程中，应根据实际情况对规划方案进行必要的修改，使规划方案的实施始终保持一定的弹性，以实现城市生态健康规划的最终目标。

二、城市生态健康构建

作者在前面已经指出，城市生态健康是一个综合性的概念，它涵盖环境健康、社会健康、服务健康和人群健康，所以城市生态健康的构建也从这四个方面做出思考。

（一）城市环境健康构建

城市环境健康构建是城市社会健康、城市服务健康、城市人群健康构建的基础，是城市生态健康构建的首要任务。具体而言，城市生态环境健康构建可以从如下几个方面着手。

1. 加强城市大气环境、土壤环境、水环境等的监测与治理

大气、土壤、水等因素大多属于城市中的自然环境因素。它们是城市中所有生物生存的基础，但随着城市发展速度的加快，城市大气环境、土壤环境、水环境污染等问题日益突出，所以加强相关方面的治理显得尤为重要。相关内容作者在本书第五章中已经做了系统的论述，在此便不再赘述。

2. 提升城市垃圾废弃物无害化处理率

垃圾废弃物不仅影响城市的生态环境，也会影响城市居民的身体健康，而如何无害化地处理城市垃圾废弃物始终是人们关注的一个话题。关于城市垃圾废弃物处理，作者在本书第五章中也进行了论述，目前比较常见的仍旧是焚烧和填埋两种方式，严格意义上来说，这两种垃圾废弃物处理的方式不属于无害化处理，所以从技术上实现突破，以提高城市垃圾废弃物无害化处理率，是相关从业人员需要研究的一个方向，也是城市环境健康构建中需要探索的道路。

3. 加强城市绿地、公园等基础设施建设

城市绿地、公园等公共基础设施能够增加城市景观的异质性，这对于美化城市景观具有非常重要的意义。此外，绿地（包括公园中的绿地）中的植物具有净化环境的作用，它们是城市的“肺”，发挥着不可替代的作用。关于城市绿地建设，作者在本书第五章中也做了系统的论述，在此便不再赘述。

（二）城市社会健康构建

城市社会健康的构建可以从完善社会支持网络、构建健康的城市文化、推动城市社会资源的公平分配三个方面进行思考。

1. 完善社会支持网络

完善的社会支持网络有助于推动城市社会健康的构建，所以各城市应结合自身情况对其社会支持网络进行必要的完善。普遍而言，社会支持网络的完善可以从统筹协调社会保障体系、构建适度普惠福利救助制度、构建完善公共交通系统三个方面着手。

（1）统筹协调社会保障体系。在统筹协调社会保障体系的过程中，可以可选择性、多标准性与可衔接性为原则，统筹整合各类医疗保险制度和养老保险制度，以使其覆盖城市中的所有居民。

（2）构建适度普惠福利救助制度。在统筹协调社会保障体系的基础上，还应该构建适度的普惠福利救助制度，让一些特殊人群也能够得到基本的保障。比如，针对特殊困难家庭、残障人士，构建最低生活保障与救助帮扶制度，让他们能够享受到基本的社会福利。

（3）构建完善公共交通系统。交通系统是城市生态健康构建的重要支撑。随着城市化进程的加快，交通拥堵问题日渐突出，这一问题直接或间接地影响着人们的生活，也影响着城市社会健康，所以构建完善的公共交通系统至关重要。

2. 构建健康的城市文化

文化也是影响城市社会健康的一个重要因素，所以构建健康的城市文化也是城市社会健康构建的一个重要方向。

（1）应加强基础文化设施建设。基础文化设施是城市文化底蕴的重要体现，同时也是城市居民参与文化活动的重要保障，如果城市基础文化设施不完善，城市文化便缺少了重要的物质保障，城市文化的健康状态也会受到影响。

（2）营造健康的文化氛围。健康的文化氛围能够对城市居民产生潜移默化的影响，促使城市居民积极参与到城市文化的建设中，从而促进城市文化的健康、可持续的发展。

3. 推动城市社会资源的公平分配

社会资源也是影响城市社会健康的一个重要因素，主要包括教育资源、就业资源、医疗卫生资源，所以推动城市社会资源的公平分配也主要从这三个方面着手。

（1）推动教育资源的公平分配。在城市中，教育资源在一定程度上存在不公平分配的情况，如城市本地居民和外来务工人员子女教育资源的分配不公平、不同城区教育资源分配的不均衡等。受教育的权利应该是人人平等享有的权利，所以推动教育资源的公平分配是城市社会健康构建的必然之举。

（2）推动就业资源的公平分配。就业率也是影响城市社会健康的一个因素，而就业资源的不公平分配是影响就业率的一个重要因素，所以应通过一系列的措施，如强化就业服务和职业培训，来推动就业资源的公平分配，提高城市就业率。

（3）推动医疗卫生资源的公平分配。医疗卫生资源的不公平分配容易导致医疗卫生资源的浪费，也会在一定程度上损害人们享受医疗卫生服务的权利，所以医疗卫生资源公平分配的目标应指向两个方面：一方面，是让每个人都能够享受到较好的医疗卫生服务；另一方面，是以相对较少的资源投入获得更多城市居民健康的改善。

（三）城市服务健康构建

城市服务健康的构建可围绕“三个工程”开展：公共卫生强化发展工程、医疗卫生服务质效提升工程、重点人群健康服务强化工程。

1. 公共卫生强化发展工程

坚持以满足需方为导向，以增进健康公平为出发点，进一步强化公共卫生体系建设，继续高标准实施各类公共卫生服务项目，围绕影响居民健康水平的主要问题不断丰富和拓展服务内容，全面加强疾病防治、妇幼健康促进、卫生综合保障、心理健康促进等公共卫生服务能力的建设，实现关口前移、重心下沉，加快形成惠及全民、保障全面、持续提升的健康促进体系。

（1）持续更新城市基本公共卫生服务理念。城市居民的健康理念是在不断发展变化的，作为医疗服务者，应与时俱进，持续更新其公共卫生服务理念，以不断满足城市居民健康服务需求。

（2）提高卫生综合保障能力。构建完善的联防联控与群防群治机制，最大限度地降低公共卫生时间的发生频率，全面提升城市应对各类突发公共事件的应急处置能力，增强城市居民的安全感。

（3）提高疾病防治能力。加强城市居民重大疾病的防控机制建设，尤其重点防治结核病、艾滋病等传染性疾病，同时针对不同人群、不同疾病，探索针对性和精细化的防控办法。

2. 医疗卫生服务质效提升工程

依据城市常住人口规模与服务半径，科学配置医疗资源，进一步推动医疗卫生资源均等化，为城市居民提供优质、高效的医疗卫生服务。

（1）推进分级诊疗体系建设。明确不同医疗机构在医疗卫生服务中的功能与职责，在此基础上，改革运行机制，逐渐形成上下联动的分级诊疗体系，从而提高医疗卫生服务体系的工作效率。

（2）提升基层医疗卫生服务能力。在医疗卫生服务体系中，基础医疗发挥着重要的作用，但基础医疗也普遍存在着服务能力较差的问题，所以应采取一系列的措施，如采取加强全科医生规范化培训、专业医生多点执业、优秀医务人员下沉基层等措施，以提高基础医疗卫生的服务能力。

（3）完善医疗机构管理体系。医疗机构管理体系在很大程度上影响着医疗卫生服务的质量，而只有完善的医疗机构管理体系，才能保障医疗机构的医疗卫生服务质量，所以完善医疗机构管理体系也是必要之举。比如，强化医院综合目标考核，探索建立由卫生行政部门、医疗保险经办管理机构、社会评估机构、群众代表和专家参与的公立医院质量监管与绩效评估制度①。

3. 重点人群健康服务强化工程

城市中的重点人群主要指残障人群、老年人和妇女儿童，针对这些重点人群，可实施服务强化工程。

① 蔡一华．杭州健康城市建设实践与发展研究[M]．杭州：浙江科学技术出版社，2013：159.

（1）重视残疾预防与康复服务。针对当地致残因素以及主要的致残疾病进行调查分析，制动残疾预防方案，提升残疾预防服务的覆盖率和效率。在此基础上，加强对残疾人的康复服务，如通过残联、医疗卫生部门、居委会等多方的联合，构建比较完善的残疾康复服务体系，提高残疾人康复服务的水平。

（2）完善老年人健康养老服务。构建以家庭为基础，以机构为支撑，以社会为依托的规模适度、功能相对完善的老年人养老服务体系，逐步提高城市的养老服务供给能力。

（3）完善妇幼保健服务。持续实施母婴安全计划，确保妇女儿童的健康水平。尤其针对儿童的保健服务，更是重中之重。首先，提升儿童医疗服务水平。可通过家庭医生签约、分级诊疗服务等措施在全市范围内构建完善的儿童医疗服务体系，有效提升城市的儿童医疗服务能力。其次，依据城市儿童健康现状（包括儿童普遍存在的健康问题），有针对性地制定疾病防治制度，提升儿童生命周期不同时期服务的连续性。

（四）城市人群健康构建

城市人群健康构建着眼于全市居民的健康，通过完善健康教育体系、大力倡导健康生活方式、加强全市居民体质监测三条路径，全面提升城市居民的健康水平。

1. 完善健康教育体系

城市健康教育体系的完善可以从学校健康教育与社会健康教育两个方面着手。针对学校健康教育，应加强对学生健康教育的重视，加大相关方面教育资源的投入，培养更加专业的健康教育教师队伍，从而有效提升学生的健康水平；针对社会健康教育，可通过媒体渠道宣传健康相关的知识，提升城市居民的健康意识，从而通过居民的自我健康管理，持续提升城市居民的健康水平。

2. 大力倡导健康生活方式

健康的生活方式有助于提高人的健康水平，但作者通过调查发现（调查内容如表 6-2 所示），很多人的生活方式都或多或少地存在一些不健康的因素，这是导致人们身体健康出现问题的一个重要原因，所以大力倡导建康的生活方式非常有必要。比如，鼓励居民开展自行车、跑步、球类等健身活动，并通过一系列措施的推动，使之常态化、普遍化。当然，健身活动的开展离不开相关场地与体育设施的支撑，所以在大力倡导健康生活方式的同时，还要持续加强城市体育设施的建设，如健康步道、健康主题公园、健康广场等。

表 6-2 城市居民生活方式调查问卷

<table>
<tr><td colspan="2">您好：
非常感谢你在百忙之中抽出时间填写这份问卷，本次问卷调查旨在了解我市居民的生活方式。本次问卷采取匿名方式，您可以结合自己的实际情况选择回答。
说明：此次调查的信息仅用于学术研究，没有任何商业用途，所有数据都会保密。</td></tr>
<tr><td>您的性别：</td><td>您的年龄：</td></tr>
<tr><td colspan="2">1. 您每天几点睡觉？
A. 晚上 10 点左右　B. 晚上 11 点左右
C. 晚上 12 点左右　D. 晚上 1 点左右或更晚</td></tr>
<tr><td colspan="2">2. 您每天的睡眠时间有多少？
A.9 h 左右　B.8 h 左右
C.7 h 左右　D.6 h 左右或更少</td></tr>
<tr><td colspan="2">3. 您每天的饮水量大约有多少？
A.1 000 mL 左右　B.1 500 mL 左右
C.2 000 mL 左右　D.500 mL 及以下</td></tr>
<tr><td colspan="2">4. 您是否吃早餐？
A. 每天都吃　B. 偶尔不吃
C. 偶尔吃　D. 从来不吃</td></tr>
</table>

续表

5. 您运动的频率是？ A. 每周一到两次　B. 每周三到四次 C. 每天一次　D. 几乎不运动
6. 您每次运动的时间有多长？ A.15 min 左右　B.30 min 左右 C.1 h 以上　D. 没有固定时间
7. 您的运动方式包括（可多选）？ A. 跑步　B. 散步 C. 快走　D. 太极拳 E. 球类　F. 健身操 G. 跳舞　H. 瑜伽 I. 自行车　J. 爬山 K. 游泳　L. 其他
8. 您吸烟吗？ A. 不吸　B. 偶尔吸 C. 每天 10 支左右　D. 每天 20 支左右
9. 您饮酒吗？ A. 不饮或几乎不饮 B. 偶尔饮 C. 经常饮但每次量比较少 D. 经常饮且每次量都比较多 E. 其他（可具体描述）
10. 您能否将自己的体重控制在标准体重的正负 10% 范围内？ A. 能　B. 否
11. 您多长时间参加一次体检？ A. 半年　B. 一年 C. 一至三年　D. 从不
12. 如果对您自己的生活方式做一个整体性的评价，人认为您的生活方式是否健康？ A. 非常健康　B. 比较健康 C. 一般　D. 不健康 E. 非常不健康
13. 对于全市范围内，大力倡导健康的生活方式，您有什么建议？

3. 加强全市居民体质监测

了解全市居民体质，是开展相关工作的基础，所以需要加强对全市居民体质的监测，并借助大数据技术进行分析，然后制定针对性的策略。

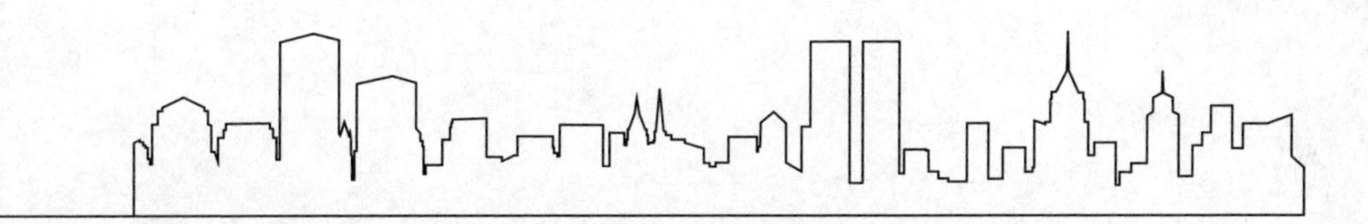

第七章 和谐生态城市规划与构建

第一节　城市生态文明规划与构建

一、城市生态文明的概念

文明是人类文化发展的成果，是人类改造世界的物质和精神成果的总和，是人类社会进步的标志。

人类文明已经经历了三个阶段：第一个阶段是原始文明，主要指旧石器时代和新石器时代，时间跨越数十万年；第二个阶段是农业文明，以铁器的使用为主要标志，时间跨越数千年；第三个阶段是工业文明，至今才数百年。在对自身发展与自然关系深刻反思的基础上，人类即将迈入生态文明阶段。

生态文明是继工业文明后，人类社会出现的一种新的文明形态。具体地说，在主导生产工具、财富形式、生产生活方式等方面，生态文明不同于工业文明、农业文明、原始文明，其中的人与自然的关系、发展形式也不同于其他文明，要想实现这种文明形态，就必须进行深入的理念变革和发展转型。

生态文明指的是，通过对人与自然之间的关系进行改进和优化，建设相互依存、相互促进、共处共融的生态社会，从而获得的物质成果、精神成果和制度成果的总和。它是一种将人与自然、人与人、人与社会和谐共生、良性循环、全面发展、持续繁荣作为基本目标的文化伦理形态，是人类文明的一种形式。它把尊重并保护生态环境作为前提，把资源节约和环境友好的产业结构、增长方式、消费模式作为其内涵，把引导人们走上可持续、和谐的发展道路作为其着力点。

生态文明是人类文明发展的历史趋势。与“野蛮”“粗放”“掠夺”“破坏”等不同的是，生态文明是以一种更加文明的方式来看待自然界，反对对自然界野蛮的掠夺，并以此为出发点来构建、维护人类与自然之间的和谐关系，使人类与自然和谐共处，以此达到人与自然的和谐发展。

二、城市生态文明建设主要领域和内容

城市生态文明建设涉及社会的方方面面，融于经济、政治、文化和社会建设的全过程，在这一过程中，人既是建设的主体，又是成果的惠享者。生态文明建设的主要领域和内容主要包括以下几方面。

（一）优化国土空间开发格局

土地是有限的自然资源，是人们赖以生存与发展的家园，我国广袤无垠的陆海两大疆域，是我国人民生存、发展、壮大的理想之地。中华人民共和国成立后，尤其是改革开放后，随着国家现代化的不断推进，国土空间规划体系发生了翻天覆地的变化，这既为国家土地资源的开发和经济发展提供了强大的支持，同时也带来了一系列亟待解决的问题。比如，耕地减少过快，生态系统功能恶化，资源开发强度高，环境问题突出，空间结构不合理，绿色生态空间减少过多等问题。要对国土空间的发展格局进行优化，就一定要珍视每一寸土地，遵循人口、资源、环境保持平衡，坚持生产空间、生活空间、生态空间三种空间科学布局，经济效益、社会效益、生态效益三个效益有机统一的原则，对开发强度进行控制，对空间结构进行调整，推动生产空间集约高效，生活空间宜居适度，生态空间山清水秀。

（二）全面促进资源节约

要实现对资源的节约、集约利用，推进资源利用方式的根本转变，强化对整个过程的节约管理，大幅降低能源、水、土地的消耗密度，提升使用效率和效益。目前，我国的人均能源拥有量偏低，能源消费总量增长速度过快，消耗强度较高，能源消费与发展需求之间的矛盾一直是我国经济发展中的一个亟待跨越的短板。因此，我们要推进能源生产和

消费的变革，对能源消费总量进行合理有效的控制，强化节能降耗力度，大力发展和支持低碳产业、新能源产业、可再生能源产业，保证国家能源安全。我国的水资源严重短缺，且在时间、空间上的分配不均衡，以及地下水的过度开采等问题，使得我们有必要在水资源的保护上，在水资源的使用上加大力度，促进水资源的再循环，以达到节水的目的。我国人均所拥有的土地资源，尤其是耕地资源，其数量非常少，人均耕地资源面积已经接近了保障我国农产品供应安全的底线，因此，我们必须要严守耕地保护红线，严格土地用途管制。在此基础上，应加大对矿产资源的勘查力度，加强对矿产资源的保护以及合理开发利用。循环经济作为一种重要的经济形式，在我国的发展过程中，也是一个十分必要的过程。另外还应该致力于扶持和推动绿色环保的循环经济模式和循环经济产业的不断壮大。

（三）加大城市自然生态系统和环境保护力度

加强荒漠化、石漠化和水土流失的综合治理，扩大森林、湖泊和湿地的面积，维护生物多样性。坚持以预防为主，综合整治为主，着力解决危害人民群众身体健康的突出问题。要推动重点流域和地区的水污染防控，推动重点行业和重点地区的大气污染防控，推动细粒子污染防控，强化重金属污染和土壤污染综合治理。我国的碳排放总量大，增速快，并且随着人口的增长，碳排放总量也在逐年上升。我们要在共同承担责任和公平的基础上，在各自的能力范围内，与国际社会合作，共同应对气候变化问题。在致力构建人类命运共同体的发展理念指导下，在共担责任、公平合理的基础上，加强与国际社会的合作，共同应对气候变化。

（四）加强城市生态文明制度建设

制度建设是推进生态文明建设的重要保障，要在五个方面加强生态文明的制度建设。

1. 建立健全生态环境监测与评估体系

一定要转变只有 GDP 增加的思想，对 GDP 的考核要进行淡化，倡导绿色 GDP。加大对生态文明的考核和评价的比重，把资源消耗、环境损害和生态效益都纳入经济社会发展的评价体系中，构建能够反映生态文明的目标体系、考核办法和奖惩机制。

2. 建立完善的基础管理体系

针对目前我国土地利用现状，提出构建土地利用与土地保护相结合的方式。例如，要构建对国家重点生态功能区和农产品主产区进行限制的制度，对依法设立的各级自然保护区、世界文化自然遗产、风景名胜区、森林公园、地质公园等，要构建对其进行禁止开发的制度。进一步健全已有的一些耕地、水资源和环境管理制度。

3. 建立可持续发展的生态补偿机制

能源、水资源、土地、矿产等资源要素的价格、税收等方面的改革力度不够，虽然建立了资源有偿利用的机制，但是并没有真正体现出其生态价值。因此，要对资源性产品进行进一步的定价和税费改革，要能够体现市场供需关系和资源稀缺程度，体现生态价值和代际补偿的资源有偿使用和生态补偿制度。

4. 坚持以市场为导向

要构建一个以市场为基础的生态文明建设，必须以市场为导向。在节能减排、碳排放权、排污权、水权交易等方面，以节能降耗为目标，以碳排放、排污费、水权等为主要内容，推动我国经济社会发展。

5. 完善问责机制和补偿机制

资源和环境属于公众共享，如果对它造成损害与损失，必须承担相应的责任与补偿。要加大对环境的监督力度，完善对生态环境的问责制，建立对环境的补偿机制。

三、城市生态文明规划与构建的对策

（一）建立全民生态文明观

人与自然并不是相互对立的两个方面，而是一个协调共存的整体。自然孕育了人，滋养了人，让人能够在自然中生存与发展。人是自然的一部分，人在对自然进行改造的过程中，必须将自己的行为约束在能够确保自然生态系统稳定、平衡的范围内，从而达到人与自然的和谐共生、协调发展。

（二）建立法律和伦理保障

一个完善的生态法制体系，既是一个国家生态文明建设的重要标志，也是一个国家生态环境保护的最终屏障。法治的功能是以硬性的机制对非文明的人和事进行规范或处罚。目前，最重要的是要严格执行环境问责制，特别是要建立起刑事问责制，加强对超标排放的惩罚力度，严厉打击各种违反环保法规的行为。在发展政策方面，要抓紧制定出一套对环境保护有利的价格、财政、税收、金融、土地等方面的经济政策，采用一次性设计整体制度、分步实施的方式，将促进发展的政策和促进环保的政策进行有机的结合。在发展布局方面，要按照自然规律，展开生态保护红线的划定工作，以各个区域的环境功能与资源环境承载能力为依据，确保并维护国家生态安全的底线和生命线，指导各个地方理性地选择自己的发展方向，从而形成具有自身特色的发展格局。从总体上看，要继续优化工业的空间布局，加快工业结构的调整，加快发展模式的转变。

（三）建立文明的生产方式

传统的生产方式是以粗放型的能量、物质的使用为主，采用的是“资源—产品—废弃物”的一维直线发展模式，最终的结果体现即是“将资源转化为废弃物”是一种高投入、高消耗、高排放、不协调的生产模式。然而，由于资源供给、环境自净、环境承受力等因素的限制，如果不改变传统的生产模式，就会导致发展与环境之间的矛盾日益尖锐，生态危机日益严重。所以，生产方式必须朝着“原料和能源低投入、产品高产出、环境低污染或无污染”的方向发展，发展循环经济、生态经济和绿色产业，让原材料在生产链中进行多次、反复、循环利用，最终构成了“资源—产品—再生资源”的循环流动。积极推进技术改造，推广节能环保新技术、新装备、新产品，加快构建科技含量高、资源消耗低、环境污染少的绿色制造系统，将资源消耗和环境污染降到最低。

（四）建设文明的生活方式

绿色生态消费方式是指在维持自然界的生态环境的平衡的前提下，以满足人类的基本生存与发展需求为前提，进行的一种适度的、绿色的、全面的、可持续的消费。生态消费积极地提倡消费者进行材料的回收再利用，并引导一种生态化的生产方式，将能量的消耗和对环境的破坏降到最低。与此同时，还呼吁大家要为环保做出自己的一份努力，从一些小事情开始，比如，积极地清理“白色”的污染，在旅行中主动地回收垃圾，不穿毛皮服装，不食用野生动物。

第二节　城市生态文化规划与构建

一、城市生态文化的概念

生态文化相对于生态文明的概念而言，是一个内容更为复杂和广泛的概念。从狭义上理解，生态文化是指以生态价值观为指导的社会意识形态、人类精神和社会制度；从广义上理解，生态文化是人类新的生存方式，即人与自然和谐发展的生存方式。它是指人类在实践活动中保护生态环境、追求生态平衡的一切活动和成果，也包括人们在与自然交往过程中形成的价值观念、思维方式等。可以说生态文化是人与自然协同发展的文化，也是人类建设生态文明的先进文化。如果说，生态文明是由生态文化的生产方式所决定的全新文明类型，它所强调的是所有生态社会中人与自然相互作用所具有的共同特征和达到的起码标准，那么生态文化则是不同民族在特殊的生态环境中多样化的生存方式，它更强调由具体生态环境形成的民族文化的个性特征。人类适应和维护不同的生态环境而在生存和发展中所积累下来的一切，都属于生态文化的范畴。由于生态是人类和非人类生命生存的环境，文化是不同人类生存的方式，所以，自从地球上有了人类，就不可避免地存在生态文化。

二、城市生态文化建设的必要性和原则

城市生态文化建设是一个城市发展的根本，加强生态文化建设是实现可持续发展的现实需要。

（一）城市生态文化建设的必要性

生态文化建设的必要性主要体现在以下几个方面。

1. 要走可持续发展之路，必须走生态文化建设之路

可持续发展归根结底，它是人自身的可持续发展，是社会公众的可持续发展，其核心是人自身文化素养的提升。要从根源上改变当前生态环境日趋恶劣的现状，达到可持续发展的目的，就必须使绝大多数的决策者、管理者和普通民众，由单纯追求经济效益和物质消费的“经济人”，向注重经济发展和物质消费的“生态人”转化，以更好地保护生态环境。在这种情况下，在文化层次上对可持续发展进行理解，积极发展生态科技，弘扬生态文化，形成可持续发展的社会共识，是推动可持续发展在国家中得到切实落实和良性运作的必由之路。

2. 要推进可持续发展，就必须建立生态文明

可持续发展的需要将人类的文明推向了更高的层次，从而产生了生态文化，它强调的是经济效益与社会效益的有效结合，相辅相成，从总体上保障了经济发展的后劲，对人类的长期发展和利益都是有利的。生态文化对人的思想、情感、心理、性格和行为的影响，将其凝结为一种精神的力量，并对人的内心产生影响，从而对人的可持续发展的意识进行教育和培养，推动人们的思想观念的变化，促使人们主动地投身到可持续发展的实践之中。生态文明不仅是人类社会可持续发展的结果，而且是人类社会可持续发展的重要价值标尺。所以，要建设生态文明，实现可持续发展，就必须大力培育生态文化。

3. 要推进可持续发展，必须有生态文化的保障

人是通过一种文化来生存的，从某种程度上说，人的所有行为都是在某种价值观念的作用下，为了顺应环境而进行的。在可持续发展变成一种全球性的历史选择的同时，与之相匹配的必然是一种新型的文化——生态文化。社会的可持续发展不能脱离文化的支持，生态文化为社会可持续发展提供了一种精神力量。可以看出，生态文化的形成和发展一定会在思想上推动可持续发展的真正实现。

（二）城市生态文化建设的原则

生态文化作为一种人类社会的历史现象，有其产生、存在、积累和发展的过程，生态文化建设应遵循以下几个原则，如图 7–1 所示。

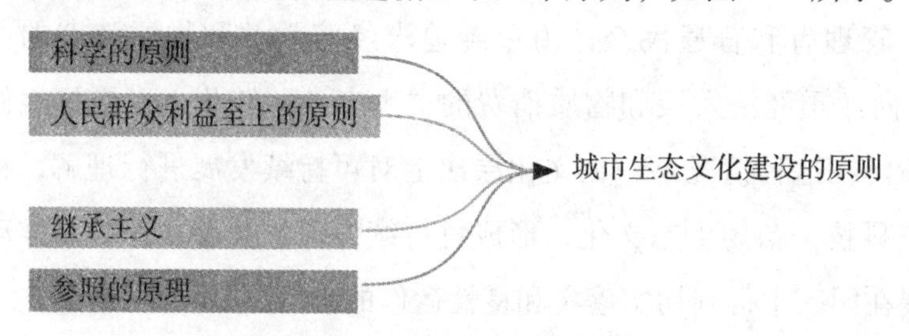

图 7–1　城市生态文化建设的原则

1. 科学的原则

生态文化的构建，第一要坚持科学的理念。生态文化是一种集自然科学、经济学、人文科学、社会科学为一体的文化，它的内涵是一个综合的过程，涉及生态学、科技学、社会科学等多个领域。从自然科学的观点来看，生态环境的保护与建设既要符合很多自然法则，又要符合经济法则和人文社会科学法则。

2. 人民群众利益至上的原则

在构建生态文化的过程中，社会大众的积极合作与参与显得尤为重要。在生态文化的构建中，必须遵循“群众至上”的原则。生态文化建设的首要任务就是要用生态文化的理论来武装群众，让群众在衣食住行等日常活动中，对生态文化的重要性产生深刻的理解，引导、激励群众积极参与到生态文化的建设中，进而在社会上建立起一支有坚实群众基础的生态文化队伍。因此，激发人民的生态意识，增强人民的积极性、主动性、创造性，是生态文化建设的根本，也是生态文化建设的动力之源。如果脱离群众，就会背离生态文化的发展轨道。只有在广大人民群众的支持下，才能真正实现生态文化的发展。

3. 继承主义

在当今的生态文化建设中，我们应当对中国人的生态智慧以及他们的生态文化遗产加以传承与发展，取长补短，倡导“古为今用”。在进行生态文化的建设时，要与现实相结合，既要把批判性的传承，也要把创造性的发展与创造性的发展相结合，充分运用几千年来古人所累积下来的丰富经验和智慧，来更好地认识和解决我们面对的各种问题，在前人的基础上，继续进行创新，避免因循守旧。

4. 参照的原理

城市生态文化是一种不能吸收、借鉴、发展、创新的开放性文化。文化既有民族的，又具有地域性，更是世界性的。在建设过程中，要把城市的规划构建工作相结合，敢于学习、总结、创新经验和做法。

三、城市生态文化规划与构建的主要内容和举措

建设生态文化是人类实现其文明可持续发展的需要，是时代的呼唤和要求。生态文化的建设要求人们从精神形态上超越旧的世界观，转向宇宙一体化的、生态学的世界观；从物质形态上彻底改变传统的生产、消费方式，把利用自然、开发自然和保护自然统一起来；从制度形态上规范、约束人们的行为，达到人与自然的可持续发展。

总的来说，城市生态文化建设的主要内容表现在以下几个方面。

（一）建立和完善生态文化法制体系

生态保护方针是生态文化工作的指导方针，而生态保护法规与标准则是生态文化工作的法律基础与规范。为此，要建立和完善各项环境政策、法规、标准，以促进生态文化建设。这样的系统应该是一个既有水平又有垂直的、立体的系统。横向的主要指的是多种法规、政策、标准，纵向的主要指的是每一种政策、法规都有上自国家、下自地区特点的不同层次规定，并在此基础上，构建一套行之有效的反馈机制，形成一套行之有效的工作流程，使得政策、法规、标准不断得到提高。

（二）加强对人民群众的生态文化教育和宣传，增强人民群众的生态文化素养

生态文化的建设是建立生态文化的精神支柱和道德根基，而要推动生态文化的发展，尤其要提高人民群众的生态意识，最主要的方式就是强化生态环境的教育。要从提高全民的生态意识入手，把保护生态的理念转变为自觉的行为，从根本上解决生态问题，从而为推进生态文明建设打下坚实的基础。为此，要在人与自然的关系上引入道德关注，在人与自然界之间建立一种道德责任意识，以培养“生态德行”。要在人民心中形成崇尚自然、热爱生态的良好风尚；要在人民心中树立起一种关

爱生命，关爱生命的道德良心；要在人民心中倡导节俭；等等。

（三）建立和健全有利于城市发展的长期机制，促进城市的生态文明

要坚持把城市生态文明建设作为一项长远的、战略性的工作，不断推进，不断完善。一方面，构建并完善生态文化建设群众监督举报制度，设立举报热线、举报信箱等，对群众反映的具体问题，及时做出明确处理。要将新闻媒体的监督功能发挥到最大，把关于生态文化建设的相关信息通过新闻媒介进行传播，对在生态文化建设中的先进典型进行广泛的宣传和报道，对违反生态文明的不良现象进行曝光，让新闻媒体能够更好地发挥出强大的舆论监督功能。另一方面，要把生态建设纳入各级、各部门、各单位的综合目标考评中，并对其进行定期的监督与考核，通过行政手段来鼓励各级领导决策层采取环境友好、生态理性的行政管理与决策方法，从而使其朝着可持续发展的方向转型。

第三节　倡导循环经济，建设低碳城市

一、循环经济与低碳城市的内涵

（一）循环经济的内涵

要理解循环经济的内涵，首先需要辨析循环经济和其他经济模式的区别。纵观人类历史的发展，主要经历了三种经济模式：单程式经济模式、末端治理模式和循环经济模式。

单程式经济模式是一种粗放型的经济模式，其流程大致为“开发资源—生产产品—排放污染物”，具有高消耗、高污染和低利用的特征。这种经济模式的运行有两个关键的前提：一是资源是无限的，即便资源

的消耗再高，资源也不会消耗殆尽；二是大自然有着极强的自我净化能力，即无论向大自然排放多少污染物，大自然都可以自我净化。然而，现实情况是资源不是无限的，大自然的自我净化能力也是有限的，所以这种经济模式必然会导致资源的枯竭和自然环境的污染。

末端治理模式其实也是一种单程式的经济模式，但与传统单程式经济模式不同的是，该经济模式在生产的末端加上了污染物治理环节，其流程大致为“开发资源—生产产品—排放污染物—污染物治理”，目的是减少对自然环境的污染。末端治理经济模式的理念就是“先污染，再治理”，虽然能够在一定程度上减少经济发展对环境造成的污染，但治理难度大、成本高，而且有些污染一旦发生，便很难再恢复如初，而且这种经济模式同样存在资源消耗大的问题。

末端治理模式的可持续性受到极大的质疑，循环经济模式应运而生。与前两种经济模式不同，循环经济模式以可持续发展为目标，既着眼于资源的高效利用和循环利用，也着眼于对自然环境的低污染，是一种“减量化—再利用—再循环”的绿色经济模式。如果对循环经济的内涵做更为深入的分析，其本质是对人类生产关系的调整，对人类发展具有重大意义。

（二）低碳城市的内涵

在剖析低碳城市的内涵之前，我们首先来界定低碳城市的概念。作者查阅资料发现，不同学者对低碳城市的界定存在一定的差异。滕藤、郑玉歆认为低碳城市包含三个层面：低碳经济为发展模式及方向，市民以低碳生活为理念和行为特征，政府公务管理层以低碳社会为建设标本和蓝图[①]。刘志林等认为，低碳城市是在保证生活质量不断提高的前提下，

① 滕藤，郑玉歆．可持续发展的理念、制度与政策[M]．北京：社会科学文献出版社，2004：223.

通过转变经济发展模式、消费理念和生活方式，构建能够减少碳排放的城市建设模式和社会发展方式[①]。夏堃堡则认为，低碳城市的本质就是低碳经济，包括低碳消费和低碳生产，目的是构建一个资源节约型与环境友好型社会[②]。综合上述学者对低碳城市概念的界定，同时结合作者对低碳城市的理解，作者认为低碳城市可以界定为：以低碳经济为理念指导，以低碳生产、低碳消费、低碳生活等为途径，最大限度地减少城市的碳排放量，逐步形成资源循环利用、产业结构合理、凸显人的发展和自然发展有机统一的可持续发展的新型城市发展模式。

基于前面对生态城市所下的定义，作者认为可以从三个方面剖析低碳城市的内涵：①低碳经济是低碳城市建设的一个重要背景，而减少碳排放量是低碳城市建设的一个重要目标；②低碳行为是建设低碳城市的有效途径，包括企业的低碳行为和城市居民的低碳行为；③人与自然的和谐发展以及可持续发展是低碳城市建设的终极目标。

二、发展循环经济，建设低碳城市的若干建议

通过前面的对循环经济和低碳城市内涵的解读可知，两者的目标都是可持续发展，追求的是人与自然的和谐发展。立足于这一认识，作者站在比较宏观的角度，从路径选择、重点举措、重大问题把握三个层面着手，针对如何发展循环经济，建设低碳城市提出若干建议。

（一）路径选择

无论是发展循环经济，还是建设低碳城市，路径的选择都是重中之重。基于对循环经济和低碳城市的认识，作者认为在路径选择上，可以从政策、技术和管理三条路径着手。

---

① 刘志林，戴亦欣，董长贵，等．低碳城市理念与国际经验[J].城市发展研究,2009,16(6):1-7，12.

② 夏堃堡．发展低碳经济 实现城市可持续发展[J].环境保护,2008(3):33-35.

1. 路径一：政策

政策发挥着引导和约束的作用，是发展循环经济和建设低碳城市的首条路径。要使政策充分发挥作用，便不能只着眼于城市发展的某一个环节，而是要贯穿资源配置、生产和消费三个环节。在资源配置环节，应通过相关政策的引导，推动资源配置的进一步优化，提高资源的利用率；在生产环节上，应通过能效和排放标准等市场准入标准的制定和强制推进，促进能源利用效率高、污染物和温室气体排放少的技术推广应用，加快发展战略新兴产业，为未来节能减排打下坚实的基础；在消费环节上，可制定绿色消费相关的政策，并通过政策的引导和约束，使人们形成绿色、低碳、循环的消费理念。总之，只有使政策贯穿上述三个环节，才能使政策的引导和约束作用得到最大限度的发挥，从而推动循环经济的发展与低碳城市的建设。

2. 路径二：技术

从技术路径来讲，两个思考的方向就是发展资源高效利用技术与减少碳排放技术。历史发展的经验告诉我们，技术是实现循环、低碳、绿色的有效路径，但在经济社会中往往存在着“技术—制度锁定”效应（指一种技术的市场份额不仅受技术可能性的影响，同时还受其他因素的影响，如市场偏好、报酬递增等，这便有可能导致市场中占主导地位的技术并不是最优技术，而是次优技术，进而产生某种锁定效应），这在一定程度上阻碍了技术的发展与创新，进而使该路径的作用得不到充分发挥。基于这一问题，可沿着“技术—制度锁定”效应的路线，推进低碳技术的研发，发展清洁能源，控制新建、扩建、改建项目的能源利用标准和污染物排放标准，从而为循环经济的发展与低碳城市的建设扫清障碍。

3. 路径三：管理

路径三中的管理主要指政府对城市经济发展的管理。在城市经济发展中，政府发挥着重要的管理作用，它们是城市经济发展的舵手，有着怎样的管理理念和管理行为，便会使城市这艘“大船”驶向何方。无论是循环经济，还是低碳城市，都和传统的城市发展模式不同，政府需要相应地转变管理理念，并调整其管理行为，从而驾驶城市这艘“大船”朝着循环、低碳、绿色的方向前进。

（二）重点举措

要推动循环经济的发展以及低碳城市的建设，从比较宏观的层面来看，可着眼于如下三点，制定相应的措施。

1. 推进循环、低碳、绿色发展标准体系的构建

只有形成完善的标准体系，循环经济发展与低碳城市建设才有明确的方向，也才能更加科学地对其进行评价，所以应推动循环、低碳、绿色发展标准体系的构建，使得循环经济发展与低碳城市建设的目标能够细化为具有权威性、可测量性的标准体系。具体而言，构建的内容可包括能源效率认证体系、绿色产品认证体系、工业生产绿色标准体系等。

2. 构建循环、低碳、绿色发展模式的体制机制

体制机制创新是城市发展模式创新的关键。无论是发展循环经济，还是建设低碳城市，都是对城市传统发展模式的机制体制的辩证否定，在辩证否定的基础上，要构建更加符合循环、低碳、绿色发展模式的新的机制体制，才能有效推动循环经济的发展与低碳城市的建设。具体而言，循环、低碳、绿色发展模式的体制机制构建可以从四个方面着手：①构建生态文明考核评价制度；②健全管理制度；③构建资源有偿使用制度与生态补偿制度；④健全赔偿与责任追求制度。

3. 制定与循环、低碳、绿色发展相适配的金融政策

除标准体系和体制机制构建外，还需要制定与循环、低碳、绿色发展相适配的金融政策。无论是发展循环经济，还是建设低碳城市，从长

远来看，对城市的经济发展都是有利的，但就当前的发展现状而言，金融支撑是不可或缺的，所以需要制定与之相适配的金融政策，如实施循环、低碳、绿色的保险、信贷和证券政策，完善循环、低碳、绿色发展的税收政策等。

（三）重大问题把握

在发展循环经济，建设低碳城市的过程中，还有三个重大问题需要把握，即损害群众利益的突出环境问题、“面子工程”问题、城乡统筹发展问题。

1. 损害群众利益的突出环境问题

群众的利益高于一切，循环经济发展以及低碳城市建设目标的实现不能以牺牲群众利益为代价。有些城市为了降低碳排放量，会采取一些过度限制的措施，如限制工厂生产，虽然这样确实达到了降低碳排放量的目标，但却影响了城市经济的发展，影响了工人的正常工作，危害了群众的利益。针对工厂生产，不能采取一刀切的方式，而是要采取柔和的策略，逐步引导工厂走循环、低碳、绿色生产的道路，从而在保证城市经济发展以及群众利益的基础上逐步实现循环经济和低碳城市建设的目标。其实，无论是循环经济，还是低碳城市，都是一项复杂的工程，不可能一蹴而就，而是要有计划、有目标，一步一个脚印地去实现。

2.“面子工程”问题

“面子工程”问题也是发展循环经济、建设低碳城市中应该要重点把握的一个问题。关于“面子工程”，其本质是形式主义，不能起到任何实质性的作用，而且还劳民伤财。无论是发展循环经济，还是建设低碳城市，其落脚点都是城市的可持续发展，如果不能真正地将一系列措施落实到位，只是做一些“面子工程”，那么资源浪费、污染排放的问题便不能得到有效地解决，可持续发展便无法实现。因此，必须要杜绝面子工程的出现，通过一系列强硬的举措，让“面子工程”没面子，让“民心工程”有面子。

3. 城乡统筹发展问题

城乡统筹发展是乡村振兴战略中的一个重要理念，旨在充分发挥工业对农业的支持和反哺作用、城市对农村的辐射和带动作用，建立以工促农、以城带乡的长效机制，促进城乡协调发展。由此可见，城市发展不能只着眼于城市自身，还需要注重城乡的统筹发展，这也是发展循环经济、建设低碳城市过程中应该要把握的一个重大问题。

第四节　生态环境、社会和经济协调高质量发展

在前面章节的论述中，作者多次提及过生态环境、社会和经济协调高质量发展的重要性，这也是和谐生态城市构建的准则，同时也是和谐生态城市构建的一个重要目标。在本节中，作者将立足于和谐生态城市构建，针对生态环境、社会和经济协调高质量发展做进一步的论述。

一、生态环境、社会和经济协调高质量发展的内涵

协调是指构成系统的各个子系统之间处于相对良好的合作、互补关系中，并使整个系统处于相对稳定的状态。当然，系统内部的各个子系统之间通常也存在着矛盾，所以各子系统间合作、互补的关系只能是一种相对良好的状态，而非绝对良好的状态，这一点是需要注意的。生态环境、社会、经济是城市这个生态系统的子系统，只有实现各子系统间的协调高质量发展，才能使城市这个系统维持稳定，并使其功能达到最大化。

在城市生态系统的三个子系统中，经济子系统和社会子系统建立在

环境子系统之上，同时彼此发生着融合关系。对于任何一个城市而言，其发展追求的都不是单一的经济增长，而是生态环境、社会、经济的协调高质量发展，这才符合可持续发展的理念。

如果对生态环境、社会、经济三个子系统协调关系的内涵做进一步的分析，可具体表现为三个方面：①三个子系统自身应处于一种相对协调的状态，同时能够对其他子系统产生积极的影响作用；②三个子系统之间的协调关系应该是动态的，而非静态的，因为城市是在不断发展的，各个子系统中的因素也是在不断变化的，如果是静态的协调关系，其协调的状态将很难长时间地维持，当出现一些变化因素后，各个子系统便会陷入一种不协调的关系中；③三个子系统之间形成闭合的反馈回路，有助于及时有效地进行相关调整。

二、生态环境、社会和经济协调高质量发展的思路

关于如何实现生态环境、社会和经济协调高质量发展，作者认为可以从政府、企业、社会以及区域协同四个方面探索其思路。

（一）基于政府层面的思路

基于政府层面，作者认为可以从引导、保障和管理三个角度进行思考。从引导的角度来看，政府可出台一些宏观政策，为企业、社会大众提供方向与理念上的引导。在此基础上，还可以制定一些科学的发展规划，用以指导城市的发展。从保障的角度来看，政府可以出台一些保障性的政策，为城市生态环境、社会和经济的协调高质量发展保驾护航；从管理的角度来看，政府可制定一些具有强制性的政策，严格控制废弃物的排放，改善“先污染，后治理”的局面。

（二）基于企业层面的思路

基于企业层面，经济往往是企业追求的首要目标，但历史经验告诉我们，要想实现经济的可持续增长，传统粗放式的经济发展模式不可取，

所以从长远的角度来看，企业也需要走生态环境、社会和经济协调高质量发展的道路。对于企业而言，首先应改善生产工艺，走绿色生产之路。生产工艺影响着生产效率，也影响着污染物的产生，要提高生产效率，降低污染物的产生量，就需要改善生产工艺，发展绿色生产模式。其次，企业还需要将环境保护纳入生产管理程序，督促产品生产各环节都做到绿色生产，从而真正实现产生生产与环境保护的有机结合。

（三）基于社会层面的思路

自然生态、社会、经济协调高质量发展不仅仅是政府和企业的事情，它具有明显的社会性，所以还需要从社会层面做出思考。基于社会层面，首先需要思考的就是如何发挥社会公众的力量。就城市发展而言，包括发展循环经济和建设低碳城市，公众既是参与者，也是监督者，如果能够发挥社会公众的力量，对于城市发展和建设具有非常重要意义。然而，就多数城市发展的现状来看，公众的力量并没有得到充分的发挥，究其根本，还是因为公众的参与意识不足，所以要发挥社会公众的力量，应聚焦于社会公众参与意识的提升，让社会公众认识到自己“主人公”的身份，并通过自己的行动和监督，推动城市自然生态、社会、环境的协调高质量发展。其次，要发挥公共媒体的舆论宣传作用，加大对自然生态、社会、经济协调高质量发展相关理念的宣传。随着人们对环保问题的日益重视，越来越多的人具有了环保意识，但对于环保与经济关系的认识却出现了偏差，即过于关注两者的矛盾，而忽视了两者的合作、互补关系。对于先污染、后治理的发展模式，我们要坚决拒绝；但对于重环保、轻经济的模式，我们也需要警惕，因为经济发展是城市发展的物质基础，而且自然生态、社会、经济三种之间只有达到协调的状态，才能促进彼此的发展，所以为了纠正人们认知上的偏差，应充分发挥公共媒体的舆论宣传作用，从而在社会公众的全面支持下，推动城市自然生态、社会、经济的协调高质量发展。

（四）基于区域协同层面的思考

城市是一个高度人工化的生态系统，其突出的一个特征就是对外界系统具有较强的依赖性，基于城市的这一特征，作者认为基于城市的自然生态、社会、经济协调高质量发展不能只着眼于本城市，还应该加强与其他城市的协同，以取得 1+1 > 2 的效果。例如，四川省生态环境厅联合四川省发展和改革委员会在 2022 年 10 月印发了《四川省推动成渝地区双城经济圈建设生态环境保护专项规划》（以下简称《规划》），该《规划》的一个重要特点就是强化了区域协同，聚焦成渝地区“协同”和“一体化”，充分考虑了四川省与重庆协同联动的需要，有效统筹了各项任务设置，对于成渝地区双城经济圈建设以及生态环境的保护具有重要意义。

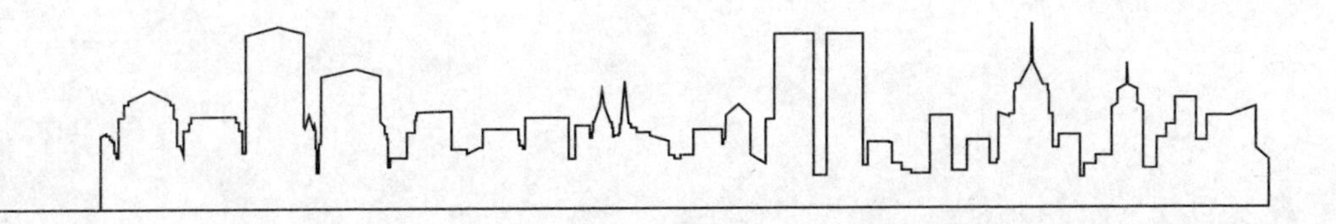

第八章　结论和展望

第一节 结 论

城市生态系统是一个复杂的系统，要对其进行规划与构建，首先需要对城市及城市生态有一个清晰的认识，并以科学的理论作为指导。在本书中，作者选取了城市生态学理论、人类生态学理论、景观生态学理论和可持续发展理论四个理论，作为指导城市生态规划的理论依据。在此基础上，作者立足于城市产业、城市生态环境、城市生态安全与城市生态健康四个专项，针对城市产业的生态规划与构建、城市生态环境的规划与构建、城市生态健康的规划与构建，以及城市生态安全的规划与构建进行了系统的研究，形成了具有较强科学性和实践性的研究成果。

产业是一个城市发展的基础，针对城市产业专项进行规划是城市生态规划的必要内容之一。针对城市产业专项，作者主要从城市工业、城市旅游业、城市服务业、城市资源和能源几个角度着手，探索了如何进行规划与构建。

针对城市生态环境专项，作者探索了城市生态环境规划的内容，同时针对如何提升城市生态环境规划的可操作性总结了几点具体的策略，这是本书研究的一个创新之处，不仅着眼于如何规划城市生态环境，还着眼于如何提升规划的可操作性。针对城市生态环境的构建，作者则从“三治理”（城市水环境治理、城市大气环境治理、城市土壤环境治理）“一建设”（城市绿化建设）“一处理”（城市垃圾处理）着手，探索了如何构建城市生态环境。

针对城市生态安全专项，作者首先针对城市生态安全和城市生态风险进行了论述，然后探索了城市生态安全规划与构建的具体路径。因为城市生态安全是针对整个城市生态系统而言的，而城市生态系统本身就是一种高度人工化的“自然—社会—经济”复合生态系统，所以只有整个系统中的各个要素实现了安全的目标，并从整体上实现平衡，才能被认为达到了城市生态安全的要求。因此，无论是城市生态安全的规划，还是城市生态安全的构建，都需要从自然、社会、经济三个方面进行考虑，这是本书针对城市生态安全专项规划的一个深入性的思考。

针对城市生态健康专项，作者首先针对城市生态健康及其评价进行了论述，然后探索了城市生态健康规划与构建的路径。城市生态健康也是一个综合性的概念，不仅包括环境健康，还包括社会健康、服务健康和人群健康，所以对城市生态健康的规划与构建也需要从这一综合性的概念认识着手，这是本书针对城市生态健康专项规划的一个深入性的思考。

在上述研究的基础上，作者最终落脚到和谐城市的规划与构建上，在针对城市生态文明、城市生态文化的规划与构建进行探索之后，还针对城市如何发展循环经济、建设低碳城市提出了若干建议，最后聚焦于城市生态环境、社会和经济协调高质量发展，提出了作者的一些思路。

总之，城市生态系统的规划与构建是一项非常复杂的工程，不仅需要进行整体性的考量，还需要针对城市系统中的方方面面进行考虑，才能确保城市生态规划与构建的科学性，从而更好地指导城市建设与发展。

第二节 展　望

本书针对城市生态规划进行了系统的研究，形成了具有较强科学性和实践性的研究成果。所以未来应加强对相关研究成果的推广，同时通过更大范围的实践进一步验证研究成果的可行性与适用性。需要注意的是，在推广研究成果的时候，由于不同城市在文化、经济、社会等方面存在一些差异，所以不能采取“拿来主义”，而是要做到实事求是，这也是作者在本书中反复强调的一个观点。

当然，城市处于不断发展的状态之中，相关理论也在不断完善，所以未来针对城市生态规划的研究也不可能停滞，而是会随着城市的不断发展形成与之更加适配的研究成果，以便为城市发展和建设提供指导。另外，生态城市作为城市生态规划的一个目标之一，针对生态城市的研究也有待进一步深入，所以未来可以着眼于生态城市的规划与构建展开系统性的研究。

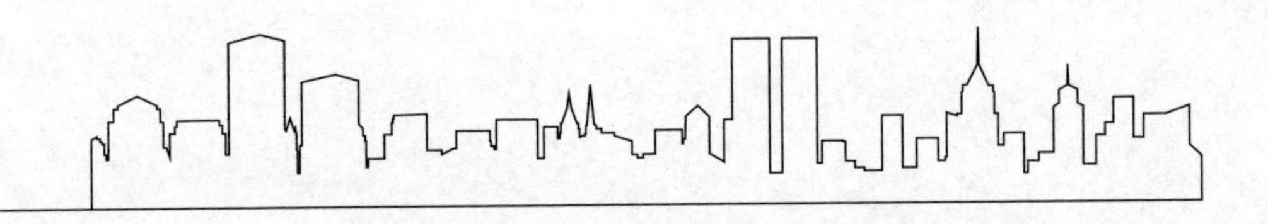

参考文献

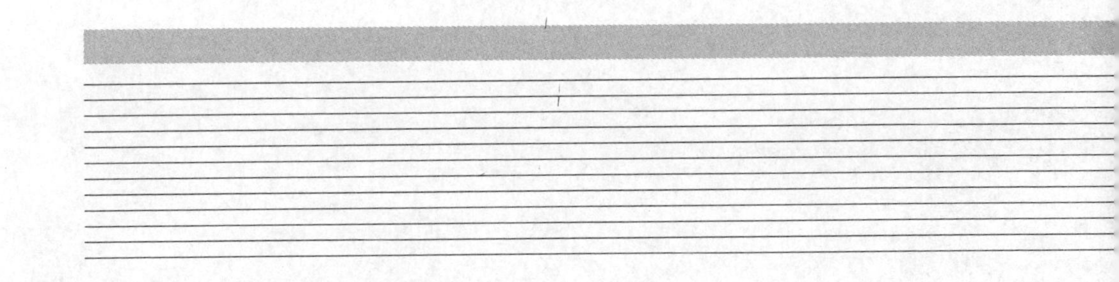

[1] 董晶 . 生态视角下城市规划与设计研究 [M]. 北京：北京工业大学出版社 ,2019.

[2] 仲崇文 . 基于绿色生态理念的中国城市产业规划研究 [M]. 北京：北京理工大学出版社 ,2020.

[3] 赵颖 . 生态城市规划设计与建设研究 [M]. 北京：北京工业大学出版社 ,2018.

[4] 董晓峰，刘颜欣，杨秀珺 . 生态城市规划导论 [M]. 北京：北京交通大学出版社 ,2019.

[5] 郝丽君 . 城市生态空间构建与规划 [M]. 北京：地质出版社 ,2019.

[6] 廖清华，赵芳琴 . 生态城市规划与建设研究 [M]. 北京：北京工业大学出版社 ,2019.

[7] 牛全清 . 城市规划设计中生态城市规划研究 [J]. 居业 ,2021(10):152–153.

[8] 马佔伍 . 基于宜居理念的城市生态规划研究 [J]. 城市建筑空间 ,2022,29(S1):44–45.

[9] 何舸 . 山水园林城市生态空间规划研究：以南宁市为例 [J]. 生态学报 ,2021,41(18):7406–7416.

[10] 朱明明 . 城市生态规划中的智能技术研究动态 [J]. 城市建筑 ,2021,18(17):13–16.

[11] 高卿 . 低碳背景下城市规划策略分析 [J]. 黑龙江环境通报 ,2022,35(2):118–119.

[12] 孙江宁 , 蒋凯 .GIS 空间分析在城市生态规划中的应用探讨：以银川生态规划为例 [J]. 建设科技 ,2021(8):60–65.

[13] 王菲 , 刘柠菁 . 城市规划生态化探讨 [J]. 住宅与房地产 ,2021(4):33–34.

[14] 彭姗妮 , 沈清基 . 新中国成立以来城市生态规划研究历程及分析 [J]. 规划师 ,2020,36(23):57–66.

[15] 徐琳瑜，郑涵中．“城市生态规划”MOOC 课程思政实践与运营思考 [J]. 环境教育 ,2020(10):56–59.

[16] 孙衍德．城市生态规划与城市生态建设分析 [J]. 工程建设与设计 ,2020(18):18–19.

[17] 范小蒙，刘要峰．可持续城市人居环境营造途径探析 [J]. 城市住宅 ,2020,27(7):160–161.

[18] 王兴为．城市规划中生态文化的融入研究 [J]. 文化产业 ,2022(12):160–162.

[19] 时海城，程越，张墨．智慧城市的生态规划设计思考 [J]. 城市住宅 ,2021,28(12):134–135.

[20] 杨位飞，李铁松，潘安，等．南充市城市生态系统健康评价 [J]. 环境科学与管理 ,2006(6):187–190.

[21] 杨位飞．分析城市规划中生态城市规划 [J]. 中外建筑 ,2022(1):47.

[22] 韩林飞．健康城市与完善的城市生态规划 [J]. 城市发展研究 ,2020,27(3):8–10.

[23] 杨位飞．探究从城市规划看城市道路绿化景观设计 [J]. 工程管理前沿 ,2022(8):407.

[24] 马瑞丽．城市生态规划和生态修复中气象技术的应用研究 [J]. 环境与发展 ,2020,32(1):199–200.

[25] 张雪．海绵城市生态规划理念在公园景观中的运用：以邵阳市西苑公园设计为例 [J]. 天津建设科技 ,2019,29(5):53–56.

[26] 俸荣伟．对于城市规划设计中生态城市规划的研究 [J]. 建材与装饰 ,2016(3):95–96.

[27] 沈清基，彭姗妮，慈海．现代中国城市生态规划演进及展望 [J]. 国际城市规划 ,2019,34(4):37–48.

[28] 梁双印，陈茜．论城市规划设计中的生态城市规划 [J]. 住宅与房地

产,2019(22):218.

[29] 戴雅希.城市生态规划在不同规划层次中的体现[J].建筑与文化,2019(7):132–134.

[30] 翟嘉黴.论城市规划设计中的生态城市规划[J].科技创新与应用,2015(15):256.

[31] 周正楠,曲蕾,邹涛.基于可持续综合水系统的滨海城市生态规划方法研究初探[J].动感(生态城市与绿色建筑),2012(4):50–54.

[32] 何舸.基于生态敏感性评价的烟台市东部海洋经济新区起步区生态规划研究[J].生态科学,2015,34(6):163–169.

[33] 蒋羿.基于绿色宜居理念的城市生态规划思考[J].城市建筑,2019,16(14):42–43.

[34] 赵鹏瑞.浅谈城市生态规划不同层次内容的差异[J].城市建筑,2019,16(7):117–119.

[35] 张平.GIS在城市土地利用生态规划实验教学中的应用[J].科教文汇(上旬刊),2019(2):76–77.

[36] 顾学宁.论自然而生态化的城市规划与城市旅游产业的发展:兼及南京城市特色及其适宜的规划与适度的发展[J].中国名城,2010(9):11–20.

[37] 赵宏宇,韩超,解文龙.生态蒙昧与生态智慧嬗变:长春市城市生态规划思想演绎及实践解读[J].西部人居环境学刊,2018,33(6):59–65.

[38] 钟文兵.浅谈新加坡的城市生态规划与建设[J].国土绿化,2014(11):38–39.

[39] 郭兰凤.城市生态规划中的不确定性分析[J].黑龙江科技信息,2014(24):182.

[40] 张艳明,董靓.生态集成设计思想对中国城市规划的启示[J].经济

地理,2012,32(4):62-66.
[41] 郑斌.从绿色建筑体系视角浅谈生态城市规划建设[J].福建建设科技,2014(2):30-31,29.
[42] 谢芳芳.城市规划与城市生态规划融合的可能性、必要性[J].江西建材,2014(9):14.
[43] 邢忠,汤西子.山地城市生态系统特性与规划响应:黄光宇先生山地城市生态规划思想再认识[J].西部人居环境学刊,2016,31(5):6-15.
[44] 刘成.基于生态城市理念城市新区规划的优化设计[J].住宅与房地产,2018(22):50.
[45] 杨丽丽.浅谈城市规划中的城市生态规划设计[J].科学技术创新,2018(11):138-139.
[46] 杨建军,闫辉.基于中外理论演变分析的城市规划生态化发展趋势研究[J].华中建筑,2014,32(3):117-121.
[47] 刘川.浅析城市绿色生态规划的发展现状和趋势[J].中华民居(下旬刊),2013(12):40.
[48] 王宏,刁乃勤.矿业城市生态建设中资源协调总体规划构思与应用[J].煤炭工程,2018,50(3):5-7,11.
[49] 吴思瑜.论农村在城市生态规划中的地位[J].南方农机,2018,49(3):94,96.
[50] 李妍,朱建民.生态城市规划下绿色发展竞争力评价指标体系构建与实证研究[J].中央财经大学学报,2017(12):130-138.
[51] 杨茂栋.生态艺术:生态城市规划的艺术策略[J].建筑设计管理,2013,30(11):34-35,75.
[52] 杜吴鹏,房小怡,吴岩,等.城市生态规划和生态修复中气象技术的研究与应用进展[J].中国园林,2017,33(11):35-40.

[53] 彭程，孙金霞．论生态规划与城市规划的融合 [J]. 住宅与房地产,2017(26):217.

[54] 施军峰．城市生态规划和生态环境保护 [J]. 工程建设与设计,2017(10):139–140.

[55] 白婧羽，杨洋．城市生态规划设计与可持续发展 [J]. 西部皮革,2017,39(10):79.

[56] 王华辉．城市生态规划的主要理念和技术方法：国内外城市实践案例分析 [J]. 广东化工,2016,43(15):184–186.

[57] 王豪伟，邱全毅，王翠平，等．分形与元胞自动机耦合技术应用于厦门城市生态规划 [J]. 环境科学与技术,2012,35(3):168–172.

[58] 尹路，冯婷．城市规划设计中生态城市规划的研究 [J]. 建设科技,2017(9):72–73.

[59] 潘微．结合可持续发展理念的生态城市水环境保护规划 [J]. 科技与创新,2014(23):99–100.

[60] 赵海明，裴宗平．可持续发展导向下的生态城市水环境规划研究 [J]. 环境科学与管理,2013,38(9):11–14.

[61] 王甦．城市生态规划与环境音乐耦合创新机制研究：以合肥大学城为例 [J]. 长沙民政职业技术学院学报,2016,23(4):138–141.

[62] 曾卫，周钰婷．城市生态规划理论方法再深入：2016 年中国城市规划学会城市生态规划学术委员会年会述要 [J]. 西部人居环境学刊,2016,31(5):16–20.

[63] 崔媛媛．廊坊市中心城区生态规划设计研究 [D]. 保定：河北农业大学,2019.

[64] 孟爱丽．城市生态环境规划的法治路径探索 [D]. 温州：温州大学,2021.